LES CHASSES

DE LA SOMME.

Tiré à 300 exemplaires.

LES

CHASSES DE LA SOMME,

PAR

E. PRAROND.

PARIS,
Ve BOUCHARD-HUZARD,
RUE DE L'ÉPERON, 7.

AMIENS,
LENOEL-HEROUART,
RUE DES RABUISSONS.

1858.

LES CHASSES DE LA SOMME.

I.

Avertissement au lecteur honnête.

S'il est une science virile et véritablement digne de la considération de tout homme doué d'une honnête construction de membres, c'est cet art, — le jugement public a pris cette science en telle estime qu'il l'a qualifiée d'art, — c'est cet art de la vénerie (1) qui a précédé toutes les autres sciences humaines, et qui merci Dieu ! entre la vapeur qui siffle et l'électricité qui court, restera toujours une des premières sciences du monde.

Les hommes qui s'appliquent à cette science dédaignent malheureusement trop la gloriole des petits savants d'observatoire juchés sur des in-octavo. Foin ! pensent-ils de l'écriture qui vulgarise ! ils ne jettent pas ainsi au public les perles de leur expérience. La chasse, même dans les pays dévastés par la civilisation, entretient chez ses fervents des habitudes des temps primitifs. Diane, — ces Grecs devinaient tout, — est restée sauvage, et la prude à caution, la bavarde du fromage et de la poire, craint plus que les regards d'Actéon ce vilain mot de la langue nouvelle exprimant une vilaine chose, la

(1) Qu'on me pardonne vénerie quoique chasse soit plus large ; la vénerie est la vraie chasse et la *partie* peut bien être ainsi prise pour le *tout*.

publicité. Encore aujourd'hui les enseignements de la chasse se transmettent plutôt, comme aux heureux jours de Nemrod, d'Esaü et de Thésée, par la féconde tradition orale que par le sec mécanisme des traficants phéniciens qui remplace aujourd'hui, même pour les grandes œuvres, — O décadence de la lyre et du rebec! — la mémoire harmonieuse des rapsodes chantants, la parole animée des ménestrels vagabonds. La science aînée du monde laisse l'écriture à ses sœurs cadettes, sciences exactes à bon droit, plus saisissables et plus facilement limitées, dont les académies à palmes vertes se font des couronnes. A peine possède-t-on quelques traités généraux très estimables sans doute sur l'art de la vénerie, traités indispensables, excellents traités, mais insuffisants,—de bons rudiments de Tricot, eut dit l'honorable maître qui m'apprit le latin; mais qu'eussent fait des rudiments de Tricot les commensaux d'Horace, et qui ne s'estime un peu en toutes choses le commensal d'Horace? Les règles communes et supérieures de la chasse souffrent des exceptions d'une province à l'autre, de la rive d'un fleuve à l'autre rive; la montagne découvre des principes que la plaine n'admet plus. Ainsi tout chasseur pourrait écrire pour sa forêt ou pour sa vallée un traité plus important que la *Chasse d'Oppien*, des poëmes à étouffer les *Travaux d'Hésiode*.

Heureuses gens qui savent leur bonheur, et bien plus heureux les grands sages qui jouissent de ce bonheur comme des vieillards revenus de toute ambition, je veux dire avec leurs amis et pour leurs seuls amis!

Ceux-là sont les aînés de la création; purs de toute corruption moderne, ils trahissent par leurs instincts le noble sang de la première race chasseresse sortie du déluge. Qu'ils laissent, s'ils le veulent, aux plus légers l'exposition scientifique et gardent la science comme un dépôt sacré transmissible aux seuls dignes; c'est bien, mais il leur reste dans l'ordre économique un certain nombre de questions à résoudre. Ici l'art n'est plus en jeu, mais les conditions d'exercice de l'art.

Parmi les problèmes les plus importants, le premier serait celui-ci :

Procurer au plus grand nombre possible de véritables chasseurs le plaisir de la chasse et sauver le gibier de la destruction qui le menace.

Avec l'aisance et le loisir les goûts s'épurent et redeviennent primitifs. Dans ces conditions qui s'étendent, le goût de la chasse se répand de plus en plus, et si demain de nouvelles sources de richesse et d'alimentation étaient découvertes, en dehors de la prairie artificielle et du sillon, le premier soin du genre humain serait de reboiser les champs cultivés et de rendre aux bruyères la terre des moissons. L'âge d'or mieux compris reviendrait ; la vie pullulerait sous les arbres et dans les herbes. Les hardis cavaliers, les beaux chevaux, les chiens à grande voix s'empareraient du monde selon le droit qu'ils tiennent de la Genèse ; la guerre aux puissants aurochs remplacerait les querelles du Sunderbund et les campagnes de Crimée ; et, sauf l'avis de quelques doux esprits dont les scrupules sont honorables et qui blâment le plaisir cherché dans le meurtre des animaux, où trouverait-on à reprendre dans cette nouvelle phase de l'activité des hommes et des généreuses races, compagnes naturelles des plus intelligents travaux ?

Les Romains, ces barbares du *sport*, qui n'aimaient à voir couler qu'une sorte de sang, le sang humain, à la condition d'être assis pour jouir du spectacle, considéraient la chasse comme une peine au moins autant qu'un plaisir. Pline ! m'objectera-t-on ; et ce sanglier qu'il prit en ponctuant ses tablettes ! mais Pline était un Alexandre Dumas de l'histoire naturelle et il chassait à l'affut comme eût chassé Cuvier. Sénèque ! me souffleront quelques lettrés en scandant les vers d'un chœur ; mais Sénèque le poète étudiait l'art de la vénerie chez son cousin le philosophe, et la clef des études et de la philosophie des deux Sénèque nous a été donnée par le valet du *Joueur*. Et Némésien ! et Faliscus ! nous criera-t-on ; quelques malins sans égards triompheront alors au souvenir d'une certaine traduction de Némésien. Pauvre traducteur, pauvre *traditore*, qui a fait lui-même justice de sa traduction en la publiant dans les mémoires d'une société savante ! Pauvre chasseur, ce Némésien, poète vétérinaire, j'allais presque dire *rimeur* didactique, à qui nulle part l'amour de la chasse et l'élan de la course, le plus lyrique des exercices, ne mettent le diable au corps. Ses descriptions, laborieusement et sagement écrites sur ses tablettes déchiquetées par le stylet, sentent l'huile et n'ont pas la bonne odeur du grand air.

Quant à Faliscus, son mérite ne serait guères plus haut pour nous s'il n'avait accordé quelques mots aux chiens de *Picardie* ou *d'Artois* confondus dans l'estime qu'il en montre avec les chiens *anglais* de son temps.

Quid freta si Morinum, dubio refluentia ponto,
Veneris, atque ipsos libeat penetrare Britannos ?
O quanta est merces, et quantum impendia supra ! (1).

Les romains, chasseurs aux filets, et chassant de préférence avec des chiens sans voix (2), ne comprenaient point la chasse comme les grandes races d'Asie et les générations modernes de l'Occident. Ecoutez saint Ambroise, un écho du peuple. Plaint-il assez les malheureux qui vivent du gibier qu'ils vendent ! « Celui-là a été gelé par le froid de l'hiver, alors qu'il

---

(1) Il est bien douteux que Faliscus ait voulu parler des chiens des Morins, le nom de ce peuple n'étant ici probablement qu'une indication d'itinéraire.

(2) Faliscus à propos des chiens étoliens :

At clangore citat, quos nundum conspicit, apros
Ætola quæcumque canis de stirpe (malignum
Officium), sive illa metus convicia rupit,
Seu frustra nimius properat furor.....

Et plus loin à propos du vertrahus propre cependant à la chasse du lièvre

Quod si maturo pressantes gaudia lusu
Dissimulare feras, taciti que accedere possent.

Les romains eussent fait peut-être de bons valets de limiers.

s'efforçait de prendre pour vous dans ses filets des lièvres ou des oiseaux (1). » Ainsi de la chaire chrétienne tombait ce témoignage que les braconniers excitaient la compassion des honnêtes gens et s'estimaient probablement eux-mêmes des hères fort pitoyables.

Les Gaulois, grands chasseurs, furent abâtardis par les Romains dont le plus funeste et le plus fameux, César, n'a laissé dans ses Commentaires rien qui touche à la chasse, si ce n'est un conte ridicule sur des bêtes fabuleuses. César, homme léger mais retors, se contentait d'écrire des feuilletons pour les électeurs de Rome. Avec les barbares qui régénérèrent le vieux monde revint le goût salubre de la poursuite des animaux. Charlemagne, le premier empereur et le dernier prince des Francs, un saint qui vaut saint Hubert, ne demandait à ses filles d'autres vertus que celle d'attaquer avec lui les taureaux sauvages. Après lui les grandes chasses qui ressemblaient à des guerres, — il eut fallu Rubens pour historien de ces guerres-là, — disparaissent pour faire place peu à peu à la savante et modeste vénerie française, la vénerie chevaleresque, dont les faits ordinaires seraient des actes épiques auprès des chasses romaines qui n'avaient pas pour terrain les cirques jonchés de lions et de gladiateurs.

Nous autres hommes des jours présents, réduits à ne poursuivre que des bêtes sans défense, nous sommes revenus par l'instint aux temps héroïques. Le sang des chasseurs du Caucase, la race pure de Japhet, bouillonne en nous. Il n'y avait pas de Gaulois qui ne valut son père Japhet sous les bois ou dans la plaine, et nous sommes les fils des Gaulois, les fils des races libres ; Esaü est notre oncle, et nous avons pour frères les Arabes. « Quel charme, dit l'émir Abd-El-Kader, dans nos chasses au lever du soleil ! par nous chaque jour apporte l'effroi à l'animal sauvage (2). » Dans notre pays dépeuplé de gibier,

(1) Sermon sur l'aumône.

(2) Livre du colonel Daumas.

nous sommes encore les rois de la science cynégétique ; les pays les plus lointains reçoivent des leçons de nos missionnaires armés de carabines. Les noms d'Adulphe Delegorgue et de Gérard remplissent les solitudes et les cités. Pendant qu'ils portent au loin l'arme qui détruit, d'autres l'emploient activement chez nous, et des réunions d'hommes intelligents s'appliquent à la vraie chasse, celle qui dédaigne les armes à feu.

Cet état de choses étant donné, un inconvénient double saute aux yeux, le nombre croissant des chasseurs, et, en sens inverse, la disparition rapide du gibier.

Et ce n'est pas ce matin, ce n'est pas hier qu'on a reconnu la menace ; quand la solitude disparaît sous les pieds de l'homme, le désert se fait pour les bêtes ; on a vu d'année en année s'agrandir ce désert, si bien qu'une fable de Lafontaine manquerait bientôt d'acteurs dans les champs. Le pressentiment du danger, déjà facile à deviner dans une plainte de Salnove, est devenu une désolante et poignante certitude ; le gibier s'en va, le gibier s'en est allé. Faudra-t-il donc se résigner, chasseurs et chiens, à sonner une suprême fanfare de deuil, à pousser un dernier hurlement funèbre ? non sans doute, mais quel remède au mal ?

Voilà justement la question qu'auraient à étudier les théoriciens.

Sans empiéter sur l'algèbre qu'il leur faudra dépenser, nous pouvons établir qu'une organisation convenablement conservatrice de la chasse amènerait un état meilleur et que cette organisation peut sortir de la bonne entente, de la sagesse et du fait même des chasseurs.

Dans la préface de son livre, Robert de Salnove s'irrite déjà du déréglement qui s'est introduit dans l'exercice de la chasse, à tel point, dit-il, « que toutes sortes de personnes chassent plus tost pour l'utilité que pour l'action et pour le plaisir. » Il faut que la chasse redevienne exclusivement un plaisir, et cesse d'être une *utilité* ; tout est là. J'ai entendu M. Théln, l'infatigable, savant et spirituel louvetier du canton d'Aumale, poser cet axiôme qu'un bon chasseur ne peut se marier et rester véritablement chasseur, les femmes n'estimant le mérite de leur mari qu'à la quantité de gibier rapporté au tourne-broche. Cet axiôme, qui ne serait légèrement subversif qu'au point de vue de la famille mal entendue, est parfaitement vrai au point de vue de la chasse bien comprise.

La chasse acceptée comme plaisir et non plus comme utilité, — les chasseurs les moins voraces prêchent le principe sans s'y conformer, — devient une distraction assez coûteuse pour rebuter raisonnablement les gens qui ont encore à se faire une fortune ; la chasse, en quelque intention ou de quelque façon qu'on la fasse, n'a jamais nourri un homme, encore moins une famille :

> Cacheux, péqueux, tendeux,

dit la sagesse picarde,

> C'est tous métiers de gueux.

Le dicton est brutal, mais il est la voix du peuple.

Ce point admis, on ne reculera pas devant cet autre que les gens en position de chasser peuvent être appelés à préserver leur plaisir, à l'assurer par quelques dépenses ; ils prennent une loge dans un théâtre pour être à l'aise ; ils doivent aviser à quelques mesures pour être chez eux aussi derrière leurs chiens.

Si l'on n'est chez soi, pas de raison pour ménager le gibier, pas de moyen pour le défendre, pas de frais raisonnablement à faire non plus pour en entretenir la reproduction.

Peu de propriétés sont assez vastes pour constituer un terrain de chasse ; compterait-on dans le département de la Somme trois ou quatre propriétaires pouvant chasser uniquement sur leurs terres ? non. De là des associations nécessaires, et l'échange du droit de chasse sur les terres qui se touchent. Déjà sont fréquentes les associations entre voisins qui font garder leurs terres en commun ; d'autres associations se sont formées pour la location des bois et des marais. Il s'agirait de généraliser et de répandre l'usage de ces accommodements, favorables d'ailleurs aux amitiés de campagne.

Voici sur quelles bases on pourrait établir les associations.

La location des terrains de chasse serait faite au profit des caisses municipales ; les communes se trouveraient ainsi intéressées à la conservation du gibier, les pays les plus giboyeux devant obtenir de plus hautes locations, et les délits du braconnage rencontreraient par suite dans l'opinion le blâme qui s'applique aux vols ordinaires ; ainsi encore disparaîtrait, il ne faut pas dire un certain antagonisme, mais une certaine raideur de rapports qui se perpétue en quelques lieux entre l'homme qui parcourt la plaine avec un soc et l'homme qui la parcourt avec un fusil.

> ...... Toujours la montagne et les plaines,
> Chasseurs et laboureurs, ont échangé des haines.

Cela est faux, et grâce au ciel ! il n'y a plus de haines nulle part en France ; ces vers destinés à peindre un pays et une époque barbares ne pourraient plus même offrir une allusion dans notre société ; mais s'il reste une certaine délicatesse entre les *Higlanders* et les *Lowlanders*, n'est-ce pas rendre un véritable service à la civilisation que d'en effacer jusqu'à la trace ?

La chasse sur les terres closes serait réservée de droit sans autre déclaration que la clôture même.

La chasse sur les terres non closes serait également réservée au propriétaire qui entendrait exercer son droit de chasse par lui-même, par un membre de sa famille, par délégation à un ami, ou par un garde muni d'un permis de chasse.

Pourraient alors être louées pour la chasse les autres terres dont les propriétaires n'auraient opposé aucune manifestation de réserve. L'association fermière de la chasse aurait à veiller elle-même à la conservation du gibier, au repeuplement dans certains cas, par des règlements qui sortent de ce projet général.

Resterait, en ce qui regarde la conservation de quelques espéces de gibier, à combattre le braconnage par une sorte de concurrence loyale qu'on pourrait faire aux braconniers eux-mêmes.

On n'obtiendra jamais que les gens qui ne chassent pas s'interdisent d'acheter des perdreaux ou même d'avilir par un affreux marchandage d'honorables lièvres que ne peut suffire à protéger l'intérêt cynégétique; le haut prix même du gibier mieux réservé dans les chasses serait un appât de plus pour les braconniers; il faudrait que chaque association s'engageât à mettre en vente un certain nombre de pièces, nombre variable selon la fécondité des années.

Qu'on ne se révolte pas contre cette proposition. L'argent ainsi recueilli ne servirait qu'à alléger les frais beaucoup plus importants des locations de chasse, de l'entretien des gardes, des repeuplements, etc. Les gardes pourraient être chargés de cette vente, et les chasseurs forcés d'abandonner tous les ans quelques preuves de leur savoir-faire auraient la faculté de racheter les témoignages trop rares.

Un arrangement analogue avait été pris dans une des associations de la garenne de St.-Quentin. Chaque actionnaire devait abandonner au profit de la société deux douzaines de lapins; des conditions semblables pourraient être établies partout avec de grands avantages pour tout le monde.

Mais encore une fois cela rentrerait dans les règlements dont chaque société serait maîtresse, et nous n'avons voulu jeter dans cette introduction que quelques sommaires d'idées; elles sont déjà, ces idées, dans l'esprit de beaucoup de gens; était-il tout-à-fait inutile d'appeler sur elles une plus active attention ?

A l'étude donc ! il y a là matière à des combinaisons qui

peuvent fatiguer pendant longtemps l'esprit pratique des savants, des sages, des théoriciens de la chasse.

Pour nous simple chasseur d'occasion, historien de notre pays, nous nous contenterons d'écrire, non un livre d'enseignement — la science nous manquerait, — mais une courte suite de récits qui donneront bien incomplètement sans doute l'idée de quelques chasses possibles dans cette partie du département de la Somme où les eaux de la mer remontent encore, où la forêt de Crécy, frissonnante aux dernières brises salées, préserve notre ville des vents du nord. Ce sera encore, sous une forme nouvelle, de la vraie et, j'espère cette fois, de la point trop longue histoire.

Je dédie ces épisodes aux compagnons qui en ont été les acteurs et les témoins. Il est certain qu'en telle matière les aventures bonnes ou mauvaises ne manquent jamais et que l'on pourrait sans merveilleux effort les dérouler en Odyssée interminable ; je n'ai donc point trop choisi, j'ai cherché à me souvenir ; j'ai écouté dans le silence la voix puissante des chiens, le son enlevant des trompes, le bruit calme de la mer qui roule au devant de Cayeux, qui s'aplanit sur les sables de St.-Quentin, et j'ai revu devant moi le crochet des lièvres, le galop des chevreuils, la tête ronde des phoques. D'autres récits auraient offert plus d'intérêt peut-être, mais ceux-ci se sont présentés les premiers à ma mémoire parce qu'ils me reportent à des années déjà lointaines.

II.

Le lièvre ou la plaine.

La chasse du lièvre intéresse tous les chasseurs grands et petits, depuis ceux qui galopent derrière de nombreux équipages jusqu'à ceux qui piquent courageusement à pied derrière une demi-douzaine de chiens. Elle devrait entrer pour une part importante dans le règlement des associations que nous cherchons à encourager.

> LIEVRE, je suis de petite stature,
> Donnant plaisir aux nobles et gentils,

c'est-à-dire, dans la langue moderne, à toutes les personnes de condition indépendante et qui ne chassent pas pour un bénéfice.

Ces vers que vous connaissez, ami lecteur, et que j'ai répétés presque machinalement comme on répète une fanfare de l'amiénois Tellier, sont du bon Jacques Du Fouilloux, ce gentilhomme poitevin, qui après avoir employé son enfance, sa jeunesse et son âge mûr à poursuivre toutes sortes de bêtes, occupa dignement, pendant sa vieillesse, les loisirs des jours de pluie ou de neige, à *rediger par escrit* ce que l'expérience de la chasse lui avait enseigné des moyens *de prendre tous animaux bosqueresques et sauvages à course ou à force, ou par subtilité* afin de faire *participans* de son adresse et de son art, *tous gentils et nobles esprits de ce royaume.*

Je retrouve parmi quelques notes, en commençant ce chapitre, l'ébauche d'un éloge que j'avais autrefois entrepris de ce vénérable et homérique neveu de saint Hubert, dont les plus ignorants chasseurs, les gourmands et les égrillards, ne manquent jamais de citer les *harnois de gueule* et la *charrette.*

Serai-je accusé de trop longue digression si j'arrache pour les placer ici quelques pages de cet éloge?

Avec quelle bonne figure et quelle barbe blanche on se représente ce vieux Du Fouilloux, dont aucun portrait ne nous est parvenu! Car faudrait-il prendre pour un portrait, nous voulons dire ressemblant, celui qui, dans une gravure sur bois en tête de ses œuvres, le montre à genoux, l'épée au flanc gauche et la trompe au flanc droit, offrant son livre au roi Charles IX : *Sire*, dit-il à ce prince *amateur du déduit et exercice de la venerie*, à ce roi chasseur et poète, et non pas en ces deux qualités un des pires des Valois, quoiqu'en hurle la St.-Barthélemy avec ses tocsins, lugubre effroi des trompes forestières, *Sire il m'a semblé que la meilleure science que nous pouuons apprendre (après la crainte de Dieu) est de nous tenir et entretenir ioyeux, en usant d'honnestes exercices : entre lesquels ie n'ay trouué aucun plus noble et plus recommandable que l'art de venerie.* Du Fouilloux apparaît au gros des chasseurs de nos jours comme une sorte d'Aristote rustique, en grandes bottes de peau jaunes, avec un couteau de chasse long d'une aune. Et voyez l'avantage d'user de son talent d'une façon honnête, et d'écrire pour les honnêtes gens ! De tous les rhéteurs qui ont parlé d'Aristote, combien méritaient sans figure les verges du concierge ! De tous ceux même qui ont étendu des thèses sur la logique Aristotélienne, des hyperhypothèses sur la métaphysique du Lycée, comme des confitures liquides sur des pièces de gâteau trouées, combien en s'empoissant les doigts n'ont fait que se donner au diable ! O savants, ô pédants, gens de peu ou de mauvaise foi ! Que la sagesse de notre vieux Du Fouilloux devrait vous être un profitable exemple et vous faire rougir de male honte ! *D'autant qu'il n'y a science, ny art, qui puisse allonger la vie plus que ne le permet le cours de nature.* Ah ! certainement, messieurs, la meilleure science que nous puissions apprendre, après la crainte de Dieu, est de nous entretenir joyeux en usant d'honnêtes exercices. Aussi ce brave homme, ce chef de meute, ce persécuteur de bêtes, n'a pas excité sans doute les guerres de plume, de schisme et d'épée de votre encyclopédiste Aristote, mais au moins la plupart de ceux qui savent son nom l'ont lu, l'ont compris et ont mis sa science en pratique ; et tandis que votre Aristote souffle l'ambition à ses disciples et leur apprend à devenir les précepteurs décorés des princes, notre Jacques, fidèle à son chenil, apprend aux siens à ne pas s'écarter des champs paternels. Aristote n'a que des traducteurs, c'est à dire des administrateurs de sa pensée qui la dilapident ; Du Fouilloux gardera des compagnons et des amis tant que la langue française sera la langue de l'Europe, des traités internationaux, de la poésie et de la chasse. Et les chiens donc? Les chiens lui voteraient des matines et des vêpres de hurlements sans intermittence, s'ils lisaient ses chapitres *de la race et antiquité des chiens courants et qui premièrement les amena en France; comme on doit eslire une belle lice pour porter chiens et le moyen de la faire entrer en chaleur; comme doit estre situé et accommodé le chenin des chiens;* et enfin *du valet des chiens et comme il doit panser, gouverner et dresser les chiens; un bon valet de chiens doit estre gracieux, fort courtois, et doux, aymant les chiens de nature.* Tous les chenils de France s'entendraient pour se répondre de la Picardie au Poitou et de la Normandie à l'Alsace; *Laus perennis*! Ah! pédants, pédants que vous êtes, ce n'est pas à propos de chiens que vous citeriez Æneas et son fils Ascanius, lequel fut roy des latins et engendra un fils nommé Silvius, duquel descendit Brutus, qui aimait fort la chasse. Connaissez-vous seulement les chroniques de *Joannes monumetensis* qu'avait lues Du Fouilloux et qui établissent pertinemment que les chiens courants du Poitou et de la Gastine en particulier, à plus forte raison de la paroisse de St.-Florent-du-Fouilloux, furent amenés en France par ce Brutus fils de Silvius, petit-fils d'Ascanius et arrière-petit-fils d'Æneas? Et cependant je vous le dis sans ménagements vous n'êtes que des cuistres de la pire espèce auprès de ce Du Fouilloux qui tira de si savantes généalogies héroïques et cyniques (un noble mot vilipendé par vous) de l'historien breton qui porte un si beau nom architectural, *Joannes Monumetensis!*

Du Fouilloux, petit gentilhomme dont la famille, que nous sachions, n'a jamais figuré dans l'histoire et dont le patrimoine était, peut-on croire, fort restreint, dut surtout s'appliquer à la chasse du lièvre, et voilà pourquoi nous l'avons pris pour patron de cet humble chapitre en ce très-humble petit livre. Au grand Phébus qui commandait à des armées d'hommes et qui comptait ses chiens par centaines, la dédicace des grands ouvrages, des Véneries princières ! Notre modeste chasse est déjà bien hautainement fière d'invoquer le nom de l'homme qui n'attelait qu'un cheval à sa charrette.

Un assez grand nombre de personnes s'appliquent dans le département de la Somme à la chasse du lièvre ; M. Paul de Lamotte s'est fait, par la manière dont il entend et dont il pratique cette chasse, une réputation méritée dans l'arrondissement d'Abbeville. Sa meute est depuis près de dix ans l'objet de soins constants ; il réforme avec sévérité et renouvelle avec les plus sagaces prévoyances. Ses principes rigides lui interdisent le plus ordinairement d'aider les chiens ; une faute répétée de leur part est habituellement punie par la corde. Il a expliqué lui-même comment il forma d'abord cette meute d'une sûreté, d'une rapidité et d'une sagesse remarquables : « j'ai croisé, dit-il, des lices Normandes avec des chiens de la vieille race d'Artois. J'ai fait venir d'Angleterre chien et chienne de l'antique race de *Southenhunds*, race presque perdue actuellement, et j'ai obtenu des élèves de vingt-deux à vingt-trois pouces, la plupart tricolores ou orangés, chassant de haut nez, rapprochant les voies les plus froides, criant parfaitement, ayant de la vitesse et beaucoup de fond (1) »

Le succès répond aux soins du maître. M. de Lamotte avait forcé en 1850 quatorze lièvres, en 1851, seize, en 1852, vingt-cinq (2) ; je ne crois pas qu'il ait moins pris depuis quatre ou cinq ans. Sur sept ou huit fois que j'ai vu chasser M. de Lamotte dans le Vimeu, deux fois seulement, en raison du temps détestable, les chiens ne mangèrent pas leur lièvre. M. de Lamotte était secondé jusqu'en 1856, par un piqueur à pied nommé Florent, intrépide marcheur qu'on retrouvait toujours avec les chiens au moindre défaut, mais qui, le plus ordinairement, les regardait faire suivant les instructions de son maître.

---

(1) *Journal des chasseurs*, avril 1853.

(2) *Ibid.*

Je me souviens d'un jour où le lièvre attaqué près de Martainneville, se rabattit sur la route de Rouen qu'il suivit en vue des chiens, presque jusqu'au village de St.-Maxent où des enfants et des jeunes gens, lui barrant le passage, le donnèrent de nouveau à vue aux chiens qui le menèrent ainsi à travers tout le village et dans les champs vers Buleux, Florent parti de Martainneville avec les chiens, s'était trouvé avec eux à St.-Maxent. Le lièvre hébété et serré de près par les chiens, va se jeter dans Buleux, comme il s'était jeté dans St.-Maxent. Au moment où j'arrivais galopant, la malheureuse bête sautait sur une place du village fermée d'un côté par des haies, de l'autre par quelques habitations et dans le fond par le château de M. de Férolles ; une partie du village était à ses trousses ; on lui jetait des bâtons dans les pattes ; repoussée de tous les côtés, elle se heurtait contre les haies sans s'ouvrir un passage ou bondissait contre les murs. Les chiens arrivaient ; j'entendais leurs voix dans les pâtures voisines : laissez-le passer, criai-je à l'émeute du village, laissez-le donc passer. Il était trop tard, les chiens perçaient la haie, reprenaient pour la troisième fois leur lièvre à vue et le démembraient dans une rue voisine. Je n'avais pas attaqué l'hallali sur pied, que le dératé Florent et son maître à cheval paraissaient pour régulariser la curée et sonner la mort.

Après M. Paul de Lamotte, M. Louchet de Citerne par son amour presque exclusif de la chasse du lièvre mérite la meilleure place parmi les chasseurs sérieux ; M. Louchet n'a qu'un petit nombre de chiens, mais choisis avec soin et bien conduits. Il serait assez long de nommer toutes les personnes qui dans l'arrondissement d'Abbeville ont de six à huit chiens et tentent cette chasse du lièvre avec plus ou moins de bonheur, soit isolément soit avec leurs voisins propriétaires d'un nombre à peu près égal de chiens. Il est vrai que trop souvent, quand le temps est mauvais, le fusil dit son mot dans ces chasses habituellement pédestres. Je ne me lasserai jamais de combattre cette intervention des armes à feu qui coupe court, par une très pitoyable preuve de vulgaire adresse, un plaisir d'autant plus vif qu'il se prolonge au milieu de cent difficultés à vaincre. Le poète Callimaque, qui comprenait les choses, a dit à peu près dans une épigramme : « Ce lièvre que le chasseur poursuit par monts et par vaux avec toutes sortes de fatigues et par toutes les intempéries de l'air, donnez-le lui tout tué, il n'en voudra pas. » — « Tant il est vrai, ajoute Paschal, que là, comme ailleurs, l'esprit humain naturellement aime encore mieux la poursuite que la prise. »

Mes plus grands plaisirs de chasse, je les dois aux réunions que nous faisions de nos chiens, M. Canu de St.-Riquier, M. Dupuis de Gorenflos, mon frère et moi pour battre la plaine légèrement accidentée entre St.-Mauguille, Yaucourt-Bussus, Buigny-l'Abbé et Vauchelles. Je me souviendrai toujours du premier lièvre que nous prîmes ainsi, à pied, avec le petit équipage de douze ou quatorze chiens formé par le concours des deux ou trois couples que chacun amenait. Ces chiens de même race à peu près, tirés pour la plupart du même lieu, (Naours dans l'arrondissement de Doullens) du même pied, exercés ensemble, chassaient comme s'ils eussent habité le même chenil.

Il faudrait, pour écrire un peu honorablement le plus simple des récits de chasse, la plume de Frédéric de Prusse, taillée par Charles Nodier; même précision à atteindre que pour un récit de bataille, mêmes détails décisifs à relater à la minute et au lieu, et le style du galop léger, de l'air doux, du fouet claquant dans la main du piqueur, empruntant la stricte exactitude au style du canon, du chiffre et de la théorie militaire ! Des plans gravés ne seraient pas inutiles pour l'intelligence des marches et des contre-marches, des brisures de la refuite, des cercles décrits par les chiens dans les défauts, etc. Hélas ! nous nous passerons de la plume de Frédéric, des planches stratégiques et, qui pis est, du canif de Nodier.

Nous quêtions depuis trois quarts d'heures en marchant vers Yaucourt. Cléophas, le garde de M. Canu, en voulait particulièrement à un certain gros ou vieux lièvre qu'il avait baptisé le seigneur du Hamel, parce qu'on le trouvait le plus souvent dans un fond nommé le Hamel, ou sur une butte voisine appelée la Motte. Nombre de fois déjà le seigneur du Hamel avait échappé à nos chiens avec une aisance très mortifiante pour eux et pour nous. Ce jour là encore, le bouquin tiré par Cléophas, plein de confiance en lui-même et quelque peu dédaigneux de la coalition qu'il mettait habituellement en déroute, nous attendait sur la Motte.

Nous le voyons se lever à quelques pas devant les chiens qui s'élancent avec un de ses beaux vacarmes à faire bondir le cœur des chasseurs, tandis que lui, le vieux lièvre, le brave à trois poils de moustache, le Gusman des lièvres, partait sans trop de hâte, les oreilles hautes, et secouant la patte de manière à montrer qu'il n'appartenait que par la race et non par le caractère à cet *animal le plus triste et mélancolique que nul autre,* si on s'en rapporte à la science naturelle du primitif Du Fouilloux. Il y avait du loustic chez ce lièvre qui n'eût pas indiqué aux hommes l'usage de la chicorée sauvage.

Le seigneur du Hamel, suivi à vue quelque temps par les chiens, se dirigea d'abord vers Buigny-l'Abbé, revint quelque peu sur nous, descendit dans un fond, remonta vers le bois de St.-Riquier où heureusement il n'entra pas, tourna sur les terres de la ferme de Drugy, et revint presque à son lancer d'un train qui trahissait déjà quelque inquiétude. Les chiens, prenant leur revanche de mille affronts, filaient comme des flèches. Ni balancé, ni défaut. Serré de près, le bouquin avait coupé tout droit le chemin de St.-Mauguille à Buigny-l'Abbé sans prendre le temps d'y ruser. Entendant de loin Montagnard, Ajaz, Monitor, Griffaut et les autres qui se rapprochaient, en montant, de son second gîte seigneurial de la Motte, il prit un grand parti ; sans un seul détour, sans un seul temps d'arrêt il descendit dans la vallée sèche qui court de St.-Riquier à Bussus ; les terres pleines d'engrais de ces fonds ne tentèrent pas ses ruses plus que le chemin de Buigny ; il longea un instant les rideaux que domine le moulin du Bosquet, avec une vitesse qu'activait une poursuite chaleureuse ; de la côte opposée, nous voyons à la fois le lièvre escaladant les rideaux au-dessous du bois de St.-Mauguille, et les chiens à cinq cents pas derrière lui. La peur galopait visiblement le seigneur du Hamel.

Nous perdîmes un instant la chasse au bois de St. Mauguille, Le lièvre l'avait traversé et s'était forlongé jusqu'à la Neuville-lès-St.-Riquier sur la route de Doullens ; nous écoutions ; rien. Dans quelle direction étaient partis les chiens que nous n'entendions plus? personne dans les champs n'était là pour nous le dire. Nous nous disposions à faire le tour du bois pour reconnaître la sortie du lièvre et des chiens. M. Chamont qui nous accompagnait et qui se trouvait là près de ses haies, nous quitta alors pour se faire seller un cheval.

Pendant ce temps le lièvre, ramené de la Neuville, rentrait au bois de St.-Mauguille ; nous distinguions les gorges lointaines, puis subitement rapprochées des chiens ; bientôt au milieu d'eux, nous pûmes les regarder faire, mais de lièvre, point de nouvelles, ni dans les champs ni dans le bois. Montagnard et Ajax travaillaient encore séparément sans se consulter, mais quelques autres, — il faut l'avouer à leur honte, — s'égaraient déjà sur des lapins. Le seigneur du Hamel, jugeant la partie sérieuse, usait de ses dernières ressources. Ses artifices avaient mis les chiens à bout de voie. Un peu plus de prudence de sa part, un peu moins de terreur de race, un heureux hasard eussent pu le sauver pour la quatrième ou cinquième fois. Que ne se rasait-il résolument au milieu des taillis où chaque buisson lâchait un lapin au nez de nos chiens? il nous échappait peut-être encore. Il crut la fuite plus certaine ; il avait compté sans Montagnard. Montagnard était un sage et brave chien d'une habileté et d'une réflexion rares pour faire les haies et les chemins. Sa postérité existe encore et conserve dans la personne de Stentor quelques-unes de ses qualités. Montagnard, réparant les fautes de ses camarades, s'était écarté d'eux et tournait le bois dans les champs pour trouver la sortie du lièvre, au moment même où celui-ci, perdant patience, s'élançait dans la plaine. Montagnard le prend à vue, avertit ses camarades par des hurlements significatifs; la plupart des chiens sortent du bois à cet appel bien compris; nous enlevons les retardataires, et la chasse redescend rapidement la vallée sèche et remonte vers le lancer. En ce moment M. Chamont reparaissait à cheval.

Les chiens remontaient lentement dans le fond d'un ravin dont nous suivions pédestrement les bords. Autant leur course avait été rapide pendant toute la chasse, autant ils semblaient maintenant hésiter et suivre avec peine. Arthur en tête des piétons déclarait avec sang-froid que le lièvre était pris ; nous ne le voulions pas croire. Tout à coup nous voyons M. Chamont partir au galop ; Montagnard et ses compagnons venaient de reprendre le lièvre à vue un peu au dessus du ravin. Cent pas plus loin, le lièvre était roulé par eux. Le seigneur du Hamel trouvait la mort sur ses propres terres. M. Chamont, à bas de cheval, coupait la patte de Gusman vaincu.

J'ai rapporté ce mesquin épisode de l'éternelle et incessante épopée de la chasse près de laquelle le Mahabarata indien n'est qu'une feuille auprès de la forêt des Ardennes, pour montrer que, même à pied et sans train d'aucune sorte, on peut très bien suivre toutes les péripéties de la poursuite et de la prise d'un lièvre et n'y pas trouver moins de plaisir que le prince de Condé fouettant un cerf dans les bois de Chantilly. Pour cette chasse, réduite à ces proportions, point n'est nécessaire de grandes dédépenses. On trouve, en outre, dans ces tentatives de chasse à courre un autre avantage; elles ne sont pas en général dévastatrices et engagent ceux qui s'en donnent la distraction à l'amour du gibier qu'ils connaissent, qu'ils ont chassé, qu'ils chasseront encore et qu'ils désirent retrouver dans les mêmes cantons. Les associations, dont le but serait le plaisir de la chasse en commun et la conservation du gibier, auraient donc intérêt à faire entrer en première ligne dans leurs règlements ces escarmouches de la vénerie.

Quelques cultivateurs, chez qui peut-être un peu de male intention existe, ne voient pas sans peine les chevaux courir dans les jeunes blés ; notre conviction est qu'en temps ordinaire, c'est-à-dire quand les terres ne sont pas défoncées par le dégel ou détrempées par de longues pluies, le dommage est nul ou insignifiant. Eux-mêmes propriétaires, laboureurs, ou fermiers, ne se font pas faute de passer dans ces mêmes blés sur leurs chevaux de culture. M. Wignier de Beaupré me racontait qu'un jour, chassant avec quelques autres personnes à Mesoutre vers l'Authie, il avait vu prendre un lièvre dans un champ de blé ; tous les chevaux arrivant à l'hallali, piétinèrent longtemps ce champ sur une assez grande étendue. Le propriétaire de la terre foulée se trouvait justement parmi les chasseurs ; le fermier, très honnête homme d'ailleurs, vint se plaindre à lui et réclamer une indemnité : Je ne me plaindrais pas, disait-il, si vous n'aviez fait que passer, mais le blé, comme vous pouvez le voir, est entièrement hâché et je ne récolterai rien. — C'est tout juste, répondit le propriétaire, mais comme nous ne pouvons exactement apprécier le dommage aujourd'hui, nous réglerons l'affaire à la moisson ; je m'en rapporte à vous. — Ainsi dit ainsi convenu. Après la moisson, et au premier terme du paiement des fermages, le fermier et le propriétaire se rencontrent de nouveau : Combien vous dois-je, demande ce dernier, pour le champ piétiné ? — Vous ne me devez rien, monsieur, et ce serait à moi à vous remettre ; le blé est venu là plus beau qu'ailleurs. — Cet exemple me rappelle une remarque d'un vieux soldat de ma connaissance : En Allemagne, me disait-il, lorsque nous repassions aux lieux mêmes où des régiments entiers de cavalerie avaient foulé les jeunes blés deux ou trois mois auparavant, nous étions tout étonnés de retrouver des moissons magnifiques. — Il paraît que fort souvent à la suite des camps de manœuvre, il arrive que dans les champs hâchés en tous sens par les pieds des chevaux, les cultivateurs, après avoir touché l'indemnité allouée pour la récolte supposée perdue, trouvent encore à faire et sans semence nouvelle, une moisson presque égale à celle des champs voisins.

Il n'en est pas moins vrai qu'il est convenable, pour ménager les susceptibilités ou les préjugés, de tourner en chasse les champs de blé ou de ne les traverser qu'au pas, au petit trot quand le temps est sec, le galop pouvant effectivement dépiéter les blés, arracher la plante et la faire voler en arrière. Il est facile d'ailleurs, quand on connaît le pays, de suivre, même à travers les blés, des sentiers, ou, à défaut de sentiers, les entre-deux des pièces.

Les Anglais, chez qui la chasse est souvent un spectacle donné à tout un canton, n'ont pas à lutter contre ces préventions, mais tant qu'elles subsisteront chez nous, nous devons en tenir compte, tout en cherchant à les détruire en ce qu'elles ont d'excessif.

Toutes nos intentions, toutes nos propositions en ce monde, dans les choses de plaisir comme dans celles d'utilité, — un peu de philosophie nuit-il ici ? — doivent rencontrer la même barrière et viser au même but; la barrière est le respect du droit de chacun ; le but, en dehors de l'objet particulier, est la concorde définitive, l'amicale entente des différentes fractions de la société. Et c'est pour une part quelconque, à cet heureux résultat, croyons-nous, que nos associations de chasse sagement établies pourraient conduire.

LE DERNIER LIÈVRE DU BOIS DE SAINT-RIQUIER.

BALLADE.

Il y avait un vieux lièvre dans le bois de St.-Riquier.

Je le connaissais, car il était le dernier qui restât de ceux qui couraient autrefois dans le bois de l'abbaye et de ceux que les défrichements de Neuf-Moulin et de Buigny-l'Abbé avaient rejetés dans ce bois.

Je connaissais aussi le taillis où il songeait dans son gîte, la mâchoire inférieure posée sur le sol, et, de temps en temps, je le faisais chasser avec précaution par mes chiens sevrés depuis huit mois.

Ce vieux lièvre était un rusé compère et mettait si souvent les chiens en défaut qu'il finissait toujours par leur tirer une révérence ironique. Bien lui allait et bien m'allait ; sa fuite lui servait de promenade de santé, et j'exerçais mes chiens et je me complaisais dans la musique de leurs jeunes gorges sans pousser mon vieux lièvre à bout.

A sa poursuite firent leur apprentissage Monitor, Stentor et Griffaut, dont les exploits ont eu depuis pour témoins plusieurs siècles perchés dans les grands hêtres de la forêt de Crécy.

Je conduisis un jour dans le bois de St.-Riquier un chasseur au chien d'arrêt ; le chasseur tua mon vieux lièvre.

Je n'ai pas voulu regarder mon vieux lièvre mort, mais on m'a dit qu'il avait des moustaches grises.

Je comprend maintenant pourquoi Roland a jeté dans la mer le fusil du roi Cimosque.

« Son dessein en prenant cette arme n'est pas de s'en servir pour sa défense, car il regarde comme l'indice d'un cœur lâche de combattre avec le moindre avantage, dans quelque occasion que ce soit ; mais il veut la jeter dans un endroit où jamais elle ne pourra nuire à personne. Il emporte aussi avec lui les balles, la poudre et tout ce qui appartient à cette arme fatale.

« Dès qu'il se vit bien avancé dans la haute mer, et à une distance d'où l'on ne découvrait aucun objet sur le rivage, ni à droite ni à gauche, il prit cette arme dans ses mains, et dit :

« O maudite et abominable machine, qui fut forgée dans le fond du Tartare, de la main de Belzébuth, pour être la ruine du monde, je te rends à l'enfer d'où tu es sortie. En disant ces mots, il la jette au fond de la mer, et les voiles enflées, par un vent favorable, le font voler vers l'Irlande. »

Je voudrais bien avoir le comte Roland pour voisin de campagne et pour camarade de chasse.

III.

Le Phoque ou la baie.

J'avais été au Crotoy, vieux port aujourd'hui perdu dans le sable, passer quelques-unes des dernières journées de juin, sûr de trouver sur la tour qui vit Jeanne-d'Arc prisonnière, non des antiquités de toutes les époques, non des débris d'armures et des couleuvrines de fer, mais bonne et chère compagnie, et un peu aussi compagnie de chasseurs et de pêcheurs.

Dès le lendemain. je montais dans le bateau de Lala, le plus célèbre preneur et distillateur de loups marins qui soit sur la côte. Gérard, le tueur de lions, compte certainement moins de trophées dans sa vie, que Lala ne compte de peaux de phoques dans son grenier.

Les loups de mer du Crotoy ne sont en effet que des phoques, et leur nom plus connu sur certaines autres côtes est celui de veaux marins.

C'était à la chasse de ces animaux que nous nous embarquions; nous avions à bord tout un armement de pirates; pour ma part, je m'étais muni d'une canardière d'emprunt, portant ving-huit chevrotines.

Depuis que j'ai passé quelques longues heures très agréables dans le voisinage des phoques, je me suis pris d'affection pour ces beaux amphibies, les plus doux et les plus honnêtes parmi les êtres qui vivent sur terre et sous l'eau. Sans le besoin de destruction plus particulier à l'homme, mais qui semble la loi générale du monde, je me ferais scrupule véritablement de pervertir les bons sentiments de ces animaux, en les forçant à nous prendre en crainte et en haine, eux si disposés à nous accorder amour et confiance. Il y a des pays encore où ces pauvres phoques attendent l'homme comme les animaux du paradis terrestre. Des voyageurs anglais en tuèrent en dix jours dans l'île St.-Paul, douze cents, dont ils emportèrent les peaux après les avoir fait sécher à terre. Le temps seul manqua au carnage. Quelques jours de plus, et le nombre des victimes fut monté sans peine à plusieurs milliers. Le courage doit défaillir dans un tel massacre. Je ne m'affermis dans ma guerre aux phoques du Crotoy, que par une réflexion virile : un beau coup de fusil, reçu noblement en pleine eau, à cent pas, vaut certes bien les coups de bâton des marins qui les assomment souvent endormis sur les bancs de sable.

Vivants ou morts, les phoques deviennent objets de spéculation pour l'homme. Vivants, on exploite leur intelligence; ils s'apprivoisent aisément, et exécutent toutes sortes de manœuvres. Celui qu'un élève de Bilboquet promenait de foire en foire l'année dernière, a laissé des souvenirs dans le pays; la pauvre bête eut le succès de Frédérick Lemaître enroué. Pour le gros du public, un phoque est un poisson, et les poissons, à tort ou à raison, n'ont guères été jusqu'ici en réputation d'esprit et de docilité. Un poisson obéissant à la parole faisait presque crier miracle à la campagne et à la ville. Sur un ordre de son maître, le brave loup se dressait, valsait, courait, présentait sa tête hors de sa boîte, plongeait dans l'eau, et répondait aux questions sur son origine et ses malheurs, avec une bonne volonté digne d'un organe moins rebelle. Morts, les phoques fournissent une huile excellente, et leur peau très solide est employée de mille manières: on en fait de petits sacs en forme de rouleaux, le poil tourné en dehors pour enfermer le tabac; cet emploi est le plus connu, mais n'est pas le seul; un de mes amis comptait se faire couper un vêtement de voyage dans les peaux de phoques qu'il avait tués; un mauvais plaisant l'en empêcha : — Ah ! la belle *blague* vous ferez, lui dit-il !

C'est Lala qui, au Crotoy, apprête les peaux et fond cette graisse qui a causé les massacres de l'île St.-Paul, mais c'est M. P. Labitte qui, de tous les chasseurs attirés à l'embouchure de la Somme par les phoques, s'est appliqué le plus résolument à les poursuivre sur l'eau et sur le sable, et la rame meurtrière de Lala n'a pour rivale que la carabine de M. Labitte.

Nous étions partis à la marée descendante, selon la coutume pour cette chasse, afin de rencontrer les loups marins nageant dans les passes plus étroites, ou endormis sur les bancs de sable plus découverts. Je voyais depuis un instant fuir à ma gauche, et enfin, derrière moi, Saint-Valery, son église, ses murs, ses portes en ruines, sa montagne couronnée de verdure où s'élève une chapelle, la tour d'Harold, devenue la terrasse d'un jardin de bain ; et dans mon amour pour le pays, augmenté dans ces derniers temps par quelques recherches historiques, j'évoquais tous les souvenirs écrits dans ce paysage, le premier nom de Saint-Valery, LEUCONAUS, nom grec qui signifie *blanc vaisseau,* l'hermitage bâti pour Saint-Valery par le roi Dagobert et par l'évêque d'Amiens, le monastère fondé en l'honneur du saint par un de ses disciples nommé Blitmond, la tour où fut prisonnier le roi d'Angleterre, et, dans les temps modernes, la lutte des bras humains contre les envahissements du sable, le prolongement des digues et des quais, le grand poète Victor Hugo improvisant sur la grève sa lugubre complainte *Oceano nox ;* et tout en baissant de temps en temps la tête sous la voile qui s'enflait tantôt à droite, tantôt à gauche, pour faire virer le bateau, je me récitais ces vers où revivait le sentiment des temps révolus :

Vieux murs, dont le nom grec exilé sur nos vagues,
Flottant jusques à nous dans des souvenirs vagues,
Est semblable à l'écho qui survit à la voix
Dans la gorge des monts ou l'épaisseur des bois ;

Ville du blanc vaisseau, Leuconaus antique,
Toi dont le nom moderne est doux comme un cantique,
Et dont l'abord natal est cher aux matelots,
Comme l'aspect d'un phare épié sur les flots ;
Sœur du Crotoy, qui vois d'un œil d'indifférence
Le sable ensevelir sa dernière espérance ;
Toi dont le port nouveau succède aux ports anciens
Comme au Celte le Franc, Rome aux Phéniciens ;
Fille de Valery, de son nom baptisée,
Et que, des flots tombés de son urne épuisée
La Somme désaltère et ceint dans ses bas fonds
D'eaux vives en tous temps et de courants profonds,
J'aime à me rappeler tes saints et tes batailles,
Ta vieille tour dont l'onde élargit les entailles,
Ta montagne où, pieds nus, gravissent tant de vœux
Depuis que Valery sanctifia ces lieux ;
Car c'est là que le saint sur son haut monastère,
Prêt à prendre son vol des confins de la terre,
Méditait et priait, contemplant tour à tour
Et le fleuve et la mer qui défendaient sa tour.

Je fus interrompu par un cri : Au loup ! au loup !

C'était un phoque qui nageait à cinq ou six cents mètres ; les deux marins qui nous conduisaient gouvernèrent vers lui; nous n'avions pas fait la moitié du chemin que le phoque disparut.

Le bateau continua de courir, et nous attendîmes un instant, nos fusils à la main et les yeux fixés sur l'eau ; aucune tête ne se releva ; le phoque était descendu beaucoup plus bas sans doute vers les bancs de l'embouchure de la baie.

En portant les yeux de ce côté, nous aperçûmes à une fort grande distance quelques monticules noirâtres sur une pointe de sable ; un petit troupeau de cinq ou six loups marins se reposait là au soleil à quelques pas de l'eau. Il est rare que ces animaux, toujours inquiétés par les hommes, s'écartent beaucoup plus de la mer.

Notre bateau se dirigea vers la pointe de sable.

Nos marins, familiarisés avec les moindres accidents des

passes, manœuvraient pour approcher le plus possible du banc sans effaroucher les phoques; nous calculions presque déjà la portée de nos chevrotines lorsque le bateau, forcé de virer une dernière fois pour revenir ensuite plus directement sur le troupeau, s'écarta légèrement du sable. En ce moment nous vîmes un des plus gros phoques sortir de son immobilité et descendre par secousses sur la pente rayée; les autres, petits et grands, se mirent en branle à son exemple, et successivement le suivirent jusqu'à l'eau. Le chef de la bande s'était arrêté là, le corps à demi submergé, mais le ventre reposant encore sur le sable. Tout le troupeau semblait s'être immobilisé autour de lui comme la garde prétorienne d'un caporal, mais à l'instant où notre bateau se penchait à droite sous la voile et nous ramenait sur le banc, un dernier coup de reins mit tous les phoques à la mer. Ils disparurent.

Quelques uns se montrèrent bien encore çà et là, mais à des distances énormes, et ils plongeaient pour reparaître toujours plus loin ou disparaître tout à fait dès que notre direction tenace les inquiétait par trop.

Tout en marchant cependant, nous avions dépassé les bancs de la Somme; Cayeux s'allongeait en face de nous, et nous apercevions fort bien le Tréport dans une échancrure des falaises. Les lames venant de la mer se faisaient sentir davantage en heurtant les derniers bancs de la baie; il n'y avait plus guère espoir de voir là des loups marins ou du moins de pouvoir les tirer dans le mouvement du bateau et des lames.

Nous nous mîmes à déjeûner avec un morceau de pain, des sauterelles et une bouteille de vin versée dans le même verre, tandis que notre pilote la main sur le gouvernail, apostrophait le bateau en abordant chaque lame; la *Rose-Emélie* s'appelait *Coco* en pareil cas, et le brave homme ne manquait jamais de répéter: *Saute Coco*, excitation ou avertissement que le bateau semblait en vérité comprendre.

Nous n'étions sortis de la baie cependant que pour y rentrer par une autre passe plus raprochée de la plage de Cayeux; nous avions fini de déjeuner ; le mouvement devenait de moins en moins sensible et nous avions repris nos fusils.

Un des marins nous avertit prudemment, et presque à voix basse, qu'un loup se montrait à l'avant du bateau ; au même instant j'aperçus la tête ronde et noire du phoque qui nageait à une distance assez grande ; néanmoins comme j'étais du meilleur côté pour l'ajuster commodément, et comme la voile, penchée à babord, ne pouvait me gêner, je me disposai à tirer.

Le bateau marchait toujours silencieusement et je mis en joue.

Le phoque me paraissait encore si loin que, ne connaissant pas la portée de ma canardière, et jugeant mal de la distance sur l'eau, je m'adressai tout bas à Labitte : puis-je tirer ? lui dis-je.

— Tire, tire, répondit-il. Labitte était le propriétaire de l'arme et mettait en elle son amour-propre.

En ce moment la tête du phoque disparaissait aux deux tiers derrière le guidon de la canardière. Je lâchai le coup ; les vingt-huit chevrotines firent l'effet d'une pluie dans l'eau en avant et au-dessus du phoque.

— *Il l'est !* fut le cri que j'entendis derrière moi tandis que je voyais s'agiter et rougir subitement l'eau à l'endroit où le plomb était tombé.

Vite, au harpon ! Les marins manifestaient une animation extraordinaire ; un d'eux, ne pouvant quitter le gouvernail et le soin de la voile, excitait l'autre qui s'était jeté aux avirons et les faisait plier dans l'eau.

Cette hâte est toujours nécessaire parce que les phoques tués ou blessés coulent ou plongent au bout d'un instant.

Le nôtre continuait de se rouler ou de battre l'eau ; une fois ou deux je crus voir se lever sa patte ensanglantée au-dessus de la large tache rouge qui couvrait déjà la mer autour de lui.

Nous n'étions plus à six pas de la bête ; Labitte s'était armé du harpon fixé à un long manche de bois pour ces occasions, et, debout sur le bord du bateau, s'apprêtait à agrafer l'animal blessé ; les marins même se taisaient, lorsque le phoque plongea.

Il fallait voir le désespoir des marins ; l'un se désolait et jurait, l'autre voulait se jeter à la mer et chercher la bête au hasard sous l'eau.

Nous arrêtames le plongeur. Notre sang-froid de civilisés l'emportait cette fois en sagesse sur l'ardeur sauvage du pêcheur ; il était plus prudent d'attendre et de saisir par le sang quelqu'indice du moribond. Le phoque ne reparaissait pas. Avait-il définitivement coulé ? avait-il retrouvé la force de fuir plus loin ? Nous interrogions l'eau mystérieusement limpide, et nous commencions à faire notre deuil du loup, lorsqu'il se releva à huit ou dix pas plus loin, battant de nouveau la mer au milieu d'une nouvelle tache de sang.

Les marins précipitèrent le bateau sur lui, et Labitte qui n'avait pas quitté son harpon, attendant adroitement la bête au passage, lui enfonça le croc dans le côté, de la profondeur de la main ; mais tout n'était pas fini, et ce ne fut pas sans quelque peine, le phoque se débattant, que Labitte, aidé des marins, le fit passer par dessus le bord.

En un instant le fond de la barque fut tout ensanglanté. Le phoque ne poussa qu'une dernière et faible plainte et mourut. Ce n'était qu'une jeune femelle, pesant une cinquantaine de livres. Elle avait dans l'œil gauche une chevrotine profondément entrée dans la tête. Le lendemain, quand je visitai le phare de Cayeux dont M. Boyart nous fit les honneurs avec son urbanité habituelle, on me montra de loin la tonne aux environs de laquelle je l'avais tuée ; cette tonne est celle qui indique la dernière passe du côté de Cayeux.

Lorsque nous nous disposâmes à rentrer au Crotoy, les marins attachèrent au mât un foulard en pavillon. La *Rose-Emélie* arborait cet insigne victorieux pour la quatrième fois de l'année, et ce ne devait pas être la dernière.

Lala ne montait pas son bateau ce jour-là, et Lala ne s'est pas pendu.

LEGENDE :

A B	Route des bois de Caumartin.
C D	Route de Bernay à Domvast
E F	Route des grands hêtres
G H	Route du milieu
I J	Sommière de la réserve
K L	R. de Forêt-Montier à Canchy
M N	R. de Nouvion à Crécy
O P	R. de Forêt l'abbaye à Crécy
Q R	Laie Marcotte
S T	R. de Nouvion à Machy.
U V	R. de travers
X Y	R. de l'Ouest.
Z 1	Sommière des Célestins
2 3	R. du bois des Célestins
+	La grande borne.
5 6	Route des grands bois
7 8	Route de Lamotte
9 10	Route du bois de Nouvion.
a b	Route de Régnière Ecluse
c d	Sommière de Domvast
e f	Ch. de Forêt-Montier à Machy.
g h	Ch. de la longue borne.
i j	Ch. de Machiel.
k l	Ch. de Forêt l'abbaye à Caumartin.
m n	Ch. de Nouvion à Crécy.
o p	Ch. de Forêt l'abbaye à Marcheville
+	Poteau de Crécy.
#	id de Forêt l'abbaye
#	id de Nouvion
#	id de Machy.

Plan de la forêt de Crécy.

IV.

La forêt de Crécy.

I.

DE L'ANTIQUITÉ, DE LA SUPERFICIE ET DE LA FORME DE CETTE FORÊT.

Nous voici arrivé à la vraie chasse de la Somme, à celle, du moins, qui bien entendue, pourrait être la chasse héroïque de notre pays; et je me sens envahir, en l'abordant, par des exordes de six pieds et par des mots de trois lieues, *sesquipedalia verba*, que Janin Montaigne me protège !

La pensée des grandes chasses, même lointainement entrevues, même piteusement essayées, vous transporte à des hauteurs d'où l'on juge avec dédain les plus magnifiques futilités de la puissance mondaine, les croix de tous les régimes, les écharpes de toutes les couleurs, et où l'on traite de plain pied avec les vrais fils d'Adam, ceux qui jettent le plus de lustre sur la race, les poètes, les soldats, les rois et les honnêtes gens qui ont du cœur. La meilleure puissance c'est un jarret comme en a légué aux basques Noé descendant du mont Ararat, et quelle écharpe octroyée par un ministre ou par un préfet vaut des bottes molles sorties des mains de Gaucher?

Si un peuple généreux traitait actuellement un roi détrôné comme Alexandre traita Porus ; si on demandait à ce roi, — digne de la couronne, — ce qu'il désire avant tout conserver dans sa ruine entre tous les biens qui faisaient son plaisir et la splendeur de son pouvoir, il répondrait modestement : Un cheval, vingt chiens, et quatre ou cinq mille hectares carrés pour galoper libre, sans souci des voisins étroits et des lois nouvelles. Si on demandait à tout homme doué d'un cœur bien situé et que les ambitions basses n'occupent pas, ce qui comblerait ses souhaits, il répondrait comme le roi rassasié qui a reconnu les véritables conditions de la dignité humaine. La modeste forêt de Crécy a l'étendue qui consolerait un roi ou satisferait la plus mondaine ambition d'un philosophe digne de la robe de St.-Pierre ou du manteau de Marc-Aurèle.

— Peste! mon ami! J.-J. Rousseau chasseur n'aurait pas mieux dit dans un de ses mauvais jours. Il ne vous reste plus qu'à bâtir un hermitage dans votre vieille forêt.

— Pourquoi pas, mes amis railleurs ?

Oh ! quelle vision prodigieuse, gaulois gantés et vernis, pourrait, perçant l'épaisseur des temps, mettre vos yeux affaiblis par des lorgnons en face des forêts où bondissaient vos aïeux aux larges muscles et à la peau blanche ? Qui nous rendra ces hautes demeures des hommes forts et des bêtes fauves, que comprenait par la seconde-vue de sa poésie le phtysique Virgile lui-même, *stabula alta ferarum*? Je donnerais, moi pédant, un jour de ma vie pour voir la plate et humble forêt de Crécy au temps des Gaulois libres, un jour pour la revoir au temps de la conquête des Francs, un jour pour m'y promener au temps des comtes du Ponthieu issus de Charlemage, une heure encore pour comparer les sentiers battus par Louis XI aux routes que nous suivons. Pâque-Dieu ! mes compères, les statuettes de la vierge dont le roi en casquette gratifiait dans ses stations ou sur la place de ses hallali les chênes et les hêtres sacrent encore aujourd'hui peut-être les fils de ces chênes et de ces hêtres.

Car il n'y a pas de familles humaines dont l'antiquité sur place approche de celle des familles des arbres aux mêmes lieux; un chêne dans nos forêts est le descendant direct du chêne qui reçut sous son ombre les Celtes orientaux et de celui où les Druides coupèrent le gui; les chênes comptent leurs générations par les invasions des peuples et par la disparition des races qui osent les abattre. Nous bâtissons des villes et nous avons les forêts! et nos maisons de pierres croulent, et les forêts abandonnées à leur architecture naturelle grandiraient toujours! Encore aujourd'hui, dans les fictions de la fable, un vieux chêne, qui écrirait les mémoires de sa famille, écrirait l'histoire du monde examinée d'un point fixe avec l'impartialité d'un sage qui n'attend que du mal des hommes.

Le monde marche, dites-vous! L'homme qui défriche les forêts ne les a pas plantées; l'homme défait ce que la pauvreté de la société ne lui permettrait pas de refaire.

Sœur de toutes et des rares grandes forêts qui honorent encore la France, la forêt de Crécy est certainement contemporaine des Gaules sauvages, et, pour peu que vous y réfléchissiez, et si chasseur aux allouettes que vous soyez, ce n'est pas sans quelque retour de pensée filiale vers les générations en poussière que vous contemplerez ces hêtres poussés à l'ombre des grands chênes qui s'en vont aussi, et que, pâles ou bouffis civilisés, vous poserez votre soulier guêtré à la place même où s'imprimait le pied nu des Celtes vos pères.

O temps reculés! O ténèbres des branches (1)! Représentez-

---

(1) Cet effort de vision dans le passé nous remet en mémoire ces vers où perce mal quelque prétention à rappeler les *Ténèbres des rameaux* de Virgile :

> Les forêts pleines d'animaux
> Couvraient la terre encor sauvage;
> Combien alors cachaient de maux
> Les forêts pleines d'animaux!

vous cette onduleuse mer de verdure au milieu des eaux resplendissantes de la mer et des vallées voisines inondées par le flux ! Une presqu'île où quelque Latone Druidique aurait pu mettre au monde l'Apollon et la Diane de M. Jean Reynaud et de M. Henri Martin ! Un plat d'épinards flottant dans un bain-marie de vif argent ! Voyez-vous les collines vertes bosselées par les dômes sombres des vieux chênes s'étendre depuis la Somme jusqu'à l'Authie et depuis les côtes qui dominent la vallée du Scardon jusqu'aux marais du Marquenterre ? Quel nom avait alors cette forêt ? On ne sait. Des mots gaulois désignaient les différentes parties que nous avons connues sous les noms plus modernes du patois gallo-romain, et qui pour la plupart ont disparu elles-mêmes.

Où êtes-vous maintenant forêts de la *Haie du Comte*, de *Cantâtre* et de *Gaden* ?

Cette forêt, où les Druides *Britanni* cueillaient le gui en présence des rares habitants des vallées voisines, s'est rétrécie successivement par suite des défrichements monastiques et des donations des comtes et des rois, si bien qu'au dix-septième siècle, et même plutôt, elle ne couvrait plus déjà, comme aujourd'hui, que quatre mille deux cent vingt hectares vingt-deux ares.

Nous avons nommé les forêts de Gaden, de Cantâtre et de la Haie du Comte. Des autres parties détruites de cet ensemble de forêts, il ne nous reste hélas ! que des ilots au milieu des terres labourées : au nord quelques bois semés au-delà de la Maie ; bois des *Quemcaux*, de *St.-Sauve*, du *Périot*, de *Val-*

Quelle ombre abaissaient les rameaux
Sur notre Gaule en esclavage !
Les forêts pleines d'animaux
Couvraient la terre encor sauvage,

Préface d'une Chronique en triolets des comtes de Ponthieu avec cette épigraphe : Je travaille à mettre en madrigaux toute l'histoire des Gaules. MASCARILLE, *de la Société des Antiquaires de France.*

loire ; à l'ouest, bois des *Célestins* touchant à la forêt même, (les bois de *Nouvion* sont défrichés, comme *Cantâtre*), de *Ponthoile*; au sud, bois du *Titre*, de *Bonnance*, de *Tofflet*, bois *Watté*, bois du *Halloi ;* où sud-est et à l'est, bois du *Rondel*, de *Wicquiquy* (qu'on défriche), du *Crocq*, et quelques bosquets jusqu'à l'Authie.

En deça même du Scardon qui désaltérait les cerfs et où barbottaient les bêtes noires, c'étaient, un peu plus épars mais se touchant encore, les bois qu'il nous faut désigner par des noms modernes, bois de *Neuf-Moulin*, de l'*Abbaye de St.-Riquier*, d'*Abbeville*, de *la Presle*, de *St.-Mauguille*, de *Buigny-l'Abbé*, de *Francières* et de *Pont-de-Remy ;* si bien que le Ponthieu sur la rive droite de la Somme jusqu'à l'Authie n'était qu'une immense forêt flanquée de bois détachés, et que, malgré les ravages anciens de la hache, les vieux gardes ont encore mémoire des récits de leurs grand'pères ; ceux-là, les heureuses gens, avaient vu parfois des cerfs dans les bois de l'Abbaye. et de Buigny-l'Abbé.

Mais le centre de l'ancienne forêt, — la forêt de Crécy actuelle, — se défend depuis longtemps contre la charrue qui ne dédaigne plus cependant les terres légères et sablonneuses.

En 1665, notre forêt, quoique grossie à la vue par des bois aujourd'hui défrichés entre Forêtmontiers et Forêt-l'Abbaye, avait à peu près déjà la figure que nous lui voyons encore.

Plus longue que large (deux lieues et demie environ sur une lieue et quelque chose) elle était traversée « d'une extrémité « à l'autre à prendre du levant au couchant, par deux grandes « et larges routes presque en droite ligne, plantées des deux « côtés de hêtres extrêmement gros et d'une hauteur considé- « rable, dont l'une qui se nomme la route de Canchy, prenant « dudit lieu de Canchy par le bois du Rondel va finir au vil- « lage de Forêtmontiers, et l'autre appelée la route de Domvast « commençant au village de même nom, la traverse aussi de

« part en part, allant au village de Bernay, et qui fait dans sa « longueur distance de trois lieues ou environ. » (1).

Du reste nulle mention à cette date, sous la plume du sieur d'Arrest, des routes de Nouvion à Machy et de Forêt-l'Abbaye à Crécy qui forment avec les deux autres qu'elles coupent dans la forêt ce que l'on appelle le Grand Carré. Il est encore moins question des allées vertes ou allées d'exploitation percées parallèlement aux routes de Domvast et de Canchy et qui ont rendu un si mauvais service au gibier.

Les limites de la forêt étaient en 1665 celles d'aujourd'hui ; la superficie la même.

Nous avons nommé les allées vertes, laies ou routes d'exploitation ; ce sont :

Au-dessus de la route de Bernay à Domvast, la *Route de Regnières-Ecluse* traversant un accul dit la petite forêt ; la *Route de l'Ouest* ; la *Route des bois de Caumartin ;* la *Route des Grands Bois ;*

Au-dessous de cette route de Bernay à Domvast, entre le bois des Célestins et la route de Nouvion, Machy, la *Sommière des Célestins* et la *Route du bois des Célestins* ;

Dans le Grand Carré, cinq dont trois courant dans la longueur de la forêt et deux dans la largeur et qui forment ainsi en se coupant douze massifs faciles à enceindre ; les trois premières sont la *Route des Grands Hêtres* ; la *Route du Milieu* ; la *Sommière de la Réserve* ; les deux autres la *Route de Travers* etl a *Laie Marcotte* ;

Au-dessous de la route de Forêtmontiers à Canchy entre les bois défrichés de Nouvion et la route de Forêt-l'Abbaye à Crécy, nous trouvons, en descendant, les routes dites *des bois de Nouvion* et de *Nouvion à Crécy ;*

Au-delà de la route de Forêt-l'Abbaye à Crécy, la *Sommière de Domvast* et la *Route de la Motte* qui aboutissent au bois du

---

(1) *Visitation et description de la forêt de Crécy*, par le sieur d'Arrest de Chatigny subdélégué.

Rondel ; la première entre les routes de Bernay à Domvast et de Forêtmontiers à Canchy la seconde entre la route de Forêtmontiers à Canchy et les champs de la commune de Forêt-l'Abbaye.

La forêt de Crécy compte encore sept mares, savoir : Trois entre la route de Forêt-l'Abbaye à Crécy et le bois de Rondel ; je ne les connais que sous le nom des *Trois Mares* ; la première entre la route de *la Motte* et la route de Forêtmontiers à Canchy ; la seconde aux environs de la *Sommière de Domvast* ; la troisième entre la route *des Grands Bois* et les champs ; — Une contre la route de Forêt-l'Abbaye à Crécy, entre la route dite *de Nouvion à Crécy* et la route *des bois de Nouvion* ; cette mare est maçonnée du côté de la route ; — Deux dans le Grand Carré, la première non loin d'un sentier qui conduit de Forêt-l'Abbaye à Caumartin ; la seconde derrière la maison du garde du triage n° 5 ; enfin une au-dessous de la route de Bernay à Domvast et non loin du bois des Célestins, nommée la mare des *Galandos*.

Ces indications qu'un plan de la forêt fixera mieux dans la mémoire et dans les yeux des lecteurs étaient nécessaires pour l'intelligence de quelques uns des récits qui vont suivre ; je demande pardon de l'ennui à mes lecteurs à l'instruction *géographique* desquels quelques galops dans la forêt même profiteraient plus vite et mieux.

II.

LES GRANDES CHASSES.

Comment nos petits faits à petit cri à petit bruit seront-ils assez fiers pour se laisser traîner hors de l'ombre après les grandes chasses qui ont fait retentir au temps passé, bien avant les neiges d'antan, notre muette forêt, et qui hélas ! malgré les éclatants tapages et les hauts et puissants seigneurs, sont à peine sorties de l'obscurité magistrale des temps ? Elle est plate et sourde notre pauvre et chère forêt, et le son des trompes ne s'y perd pas plus que la mémoire des exploits légendaires.

Les autres forêts ont été fréquentées par saint Hubert, par Clovis ou par Merlin (1); Dans la notre il faut arriver de suite aux vulgaires époques historiques où ne se promènent pour nous que des figures sculptées sur les tombeaux de Westminster et de Dijon ou peintes dans toutes les galeries de nos palais.

---

(1) Veut-on savoir, par exemple, comment on chassait le sanglier au temps du roi Clovis dans la forêt des Ardennes? Nous traduisons littéralement le départ, l'attaque, la mort, l'allali sonné, l'attente de la curée, etc., dans un vieux poème publié par Crapelet en 1834, *Partonopeus de Blois :*

Vers 524. — Clovis le riche roi alla chasser en la forêt d'Ardennes après la fête de Ste.-Croix au temps où les sangliers s'engraissent de noix, de glands, et de faines, dédaignant l'herbe et les racines. Un matin il se leva et avec sa suite alla chasser; il fit mener meutes de chiens et viautres (espèce de chiens propres à la chasse des bêtes noires) pour prendre sanglier.

Vers 582. — Partonopeus va chasser avec le roi, qui l'aime vivement; un veneur lance un sanglier, les limiers lui donnent chasse; le sanglier a bien quatre ans, il les fait courir tout le jour jusqu'à la nuit close où il est enfin acculé. Partonopeus accourt le premier, tenant au poing son épieu. Le sanglier fait tête et Partonopeus lui court sus; il lui perce l'épaule gauche, et de son épieu noir lui a brisé l'épine dorsale; il l'a tué devant le roi qui en ressent une grande joie. Partonopeus tire son épieu l'essuie et le laisse à terre, puis sonne du cor comme un maître et chante bien les mots de prise. Les chiens y viennent à grand bruit, qui veulent leur part du sanglier; ils hurlent tellement en accourant qu'ils en font tout le bois frémir. Par le grand bruit de leur venue, ils ont ému un vieux sanglier, qui sort, et tous les fous chiens l'ont accueilli. Partonopeus n'en est point satisfait; il monte vite son cheval de chasse pour rompre la folie des chiens. Le roi lui dit qu'il ne demeure, mais rompe les chiens et s'en revienne. Partonopeus les veut rompre, mais il n'en peut rien faire. Les chiens ont le porc accueilli, et ils courent à beau cri; et lui même s'emporte tellement tellement qu'il oublie le roi pour les chiens. Quand il voit qu'il ne peut les rompre il les excite et leur crie huc. Il suit le porc; le roi l'attend à qui il semble qu'il est bien loin. Partonopeus du roi s'éloigne et en grande folie s'embesogne. Le porc fuit loin vers le désert; le roi n'entend plus, les chiens il a grand peur pour l'enfant et voit bien qu'il l'a perdu... (Le reste est une aventure féerique).

Sans doute nos vieux comtes de Ponthieu de la race de Charlemagne, les grands comtes indépendants qui défendirent la *France Maritime* contre les normands et firent briller dans les croisades les armes d'or à trois bandes d'azur, Helgaud Ier qui bâtit Montreuil, Helgaud II qui défit les Danois, Hugues Ier qui construisit les murs d'Abbeville, et Hugues II dont on ne sait rien, puis Guillaume II vainqueur des Anglais, Gui II mort à la Croisade, Jean Ier qui fut bigame et Guillaume Talvas qui répara en épousant Alix, sœur de Philippe Auguste, les brêches faites à l'honneur de la maison de France par un vieux roi d'Angleterre trop galant, sans doute tous ces vaillants comtes poursuivirent à cor et à cri, escortés des gentilshommes du comté, les sangliers et les cerfs de la forêt de Crécy. Ils pouvaient se mettre en chasse à un quart de lieue de leur château d'Abbeville au haut de la côte de la Justice, au bord de la forêt de Gaden, et, delà, courir aux fins de leurs cerfs dans les marécages de la Maie, ou plus loin, dans les bois de Nampont ou de Ponches. Mais le temps a enseveli leurs exploits de chasse dans l'oubli bien plus profondément encore que leurs exploits de guerre si bien oubliés cependant que souvent on ne connait d'eux que leur mort au milieu des batailles.

Nous n'entendons retentir distinctement les bruits de chasse dans la forêt de Crécy qu'au quinzième siècle.

Dans ce siècle, entre juin et juillet de l'année 1421, Henri V d'Angleterre, les princes qui l'accompagnent et peut-être Philippe-le-Bon duc de Bourgogne, son allié, font, nous disent les chroniqueurs, une grande chasse dans la forêt de Crécy. N'accordons pas un trop grand mérite de chasseur au transfuge de l'escroc Falstaff; le débauché politique accomplissait un acte de royauté en France; peut-être aussi ne faisait-il que répondre à une invitation du duc de Bourgogne dont M. le baron de La Fons-Mélicocq nous exposera le train de chasse en Picardie.

Plus tard nous trouvons dans la forêt de Crécy la sombre figure de Louis XI.

LOUIS.

Pâque-Dieu ! mon enfant, c'est le roi qui t'embrasse !

MARTHE.

Le roi !

LES PAYSANS.

Vive le roi !

MARCEL.

Lui, son fils et sa race
A toute éternité !

LOUIS.

Braves gens que voilà !
Leurs vœux me vont au cœur.

Quoiqu'il en soit, jamais la chasse dans la forêt de Crécy ne fut mieux gardée sans doute que pendant le séjour de Louis XI à Nouvion. Ce prince chassait beaucoup et la muette forêt, bien plus sauvage que de nos jours, et à peine percée de quelques voies couvertes d'herbe, vit galoper souvent le sombre politique qui, lorsqu'il ne traquait pas les hommes, se plaisait à mettre aux abois des bêtes. Sous le règne de Louis XI, — à qui faudrait-il l'apprendre ? — *les défenses de chasse,* dit Claude de Seyssel, *étaient si âpres et si sévêres qu'il étoit plus rémissib'e de tuer un homme qu'un cerf ou un sanglier.*

Louis XI passa à Nouvion pour chasser dans la forêt de Crécy l'automne de 1463.

On rencontre dans le Grand-Carré, vers Forêt-l'Abbaye, au haut du cinquième triage, les traces d'un petit campement en forme de quadrilatère dessiné par un fossé encore intact et très visiblement creusé de main d'homme qu'on nomme la *Haute loge.* Là était très certainement, suivant les présomptions qu'on tire des souvenirs et de l'emplacement favorable presque au centre de la forêt, un rendez-vous de chasse du roi Louis XI ou de son arrière successeur François Ier, ou de quelqu'autre roi ou comte, un chenil avec des écuries peut-être.

Car François Ier aussi vint chasser dans la forêt de Crécy à une époque où il portait déjà, pauvre roi trop chevalier, les germes de la maladie dont il mourut ; il s'était établi à Canchy, tandis que son fils habitait à l'autre extrémité de la forêt dans l'abbaye de Forêtmontiers.

Visages peu réjouissants que ceux de tous ces rois ! Henri V envahissant la France et marchant à Azincourt, Louis XI le politique sournois, François Ier dévoré par la maladie, le duc d'Orléans son fils, mourant de la peste à Forêtmontiers !

C'était cependant le temps des grandes chasses. Les principes du roi Modus et de Gaston Phébus étaient consciencieusement pratiqués par ces princes aussi grands veneurs que leurs officiers ; et les sangliers faisaient tête dans les fourrés, aujourd'hui rasés, où les chiens d'arrêt quêtent la bécasse ; et les cerfs se rendaient noblement après de longues heures de chasse dans les mares où nos chiens, fatigués d'avoir manqué un lièvre ou un chevreuil, vont piteusement boire.

En 1600, le roi Henri IV, s'étant arrêté douze ou quinze jours à Abbeville dans une tournée aux places frontières, s'amusa plusieurs fois à chasser dans les forêts de Crécy et de Cantâtre (1). Nous avons marché peut-être sur les traces de la belle Gabrielle.

Bien longtemps après Henri IV, en plein dix-septième siècle, notre forêt de Crécy était encore amplement peuplée de cerfs, et d'une taille et d'une force remarquable; une chasse du duc d'Angoulême, comte de Ponthieu, nous donne la preuve de leur résistance dans cette forêt où, ne trouvant pas d'étangs, ils étaient forcés de courir jusqu'à extinction de souffle (2).

Un de ces cerfs, attaqué par le duc, fit deux fois le tour de la forêt, traversa l'Authie et ne fut porté bas que dans le Boulonnais, après plus de sept heures de course ; il avait la plus belle tête et le plus beau corsage qu'on put voir. Il y a peu de forêts, remarque Selincourt, où les cerfs aient de semblables forces (3).

(1) Formentin.

(2) Le *Parfait Chasseur*. Paris 1683.

(3) La pièce suivante qui ne peut avoir rien de déplaisant pour les intimés,

M. de La Rue, auteur d'une notice sur la forêt de Crécy (1), insinue à cette occasion que les cerfs qui tenaient si longtemps devant les équipages des comtes de Ponthieu n'étaient peut-être pas de l'espèce ordinaire, mais de celle des rangiers ou rangliers, animaux disparus de nos bois comme l'auroch a disparu de l'Europe et le bouquetin de la Suisse.

Ainsi, sans faire de philosophie, tout du vieux monde tend à disparaître, les aurochs avec les empereurs, les rangiers avec les rois, les bouquetins avec les flèches de Guillaume Tell ; le gui même s'est détaché des chênes et à suivi les Druides, et nous mêmes nous enterrons avec le plus de décence que nous pouvons les chasses viriles du vieux temps et nous suivrons ces pages volantes.

Les cerfs restèrent cependant dans la forêt de Crécy jusqu'à

---

vient à l'appui de l'opinion de Selincourt, et prouve en outre qu'il y avait déjà des chevreuils dans les forêts du Ponthieu :

A M. le maître des eaux et forêts de Picardie au comté de Ponthieu ou à son lieutenant.

« Remontrent madame Marie de Bourbon princesse du sang et de Carignan et madame Marie d'Orléans duchesse de Nemours que sur l'avis qui leur a été donné que le sieur de Moyenneville du pays de Vimeu a été faire lever et chasser pendant deux jours un cerf dans la forêt de Cantâtre appartenant à leurs altesses, elles ont obtenu de Nosseigneurs commission de la table de marbre à vous dressante du 24e jour d'avril dernier pour en informer, ; pour l'information faite, rapportée et communiquée à M. le procureur général du roi des eaux et forets de France être ordonné ce que de raison : depuis laquelle commission obtenue, leurs altesses ont appris que le sieur de Moyenneville était accompagné du sieur de Valanglart son père et du sieur de Caux et qu'ayant chassé un jour entier ledit cerf, l'ayant poursuivi jusqu'au village de Lheure éloigné de plus de deux lieues de ladite forêt et n'ayant pu le forcer, ils ont retourné le lendemain chasser dans la même forêt avec une meute de chasse à courre et à cri, où ayant fait lever un chevreuil l'ont tué ou pris à coups de fusil. . . . . le 4e jour du juin 1674. »

(1) Almanach annuaire de l'arrondissement d'Abbeville, année 1849.

la Révolution française ; les sangliers devaient disparaître beaucoup plus tard.

III.

LES PETITES CHASSES.

Dans les siècles qui précédèrent la Révolution française, les chasses, jouissance exclusive des rois ou des comtes habitants passagers du comté, laissaient le plus souvent en repos les bêtes de la forêt. La Révolution, ouvrant la chasse à tout le monde, détruisit facilement les cerfs, gibier royal, qui ne vit, comme les rois, qu'escorté de gardes et sous le règne normal des lois.

De cette époque, et lorsque la chasse, cessant d'être une dévastation commune, ne fut plus permise qu'à quelques personnes munies d'autorisations, datent les chasses nouvelles que nous appellerons les petites chasses pour les distinguer des précédentes et aussi parce que les procédés suivis dans ces chasses les distinguent profondément des anciennes.

Les premiers chasseurs depuis la Révolution, nos pères cynégétiques dans la forêt de Crécy, et dont les faits défraient encore la conversation des rares chasseurs d'âge expérimenté qui les ont connus, sont MM. Frénelay, Duval de Fercourt, le Boucher de Richemont, de la Houssoie , général Filon et Alexandre Merlen.

Les chasses n'étaient pas encore si petites alors que je le veux bien dire ; les sangliers abondaient et ces messieurs les chassaient pour la plupart en héritiers des bonnes traditions ; mon père jeune dans ce temps et qui accompagna parfois de 1815 à 1825 MM. de Richemont, Filon et M. Alexandre Merlen m'a raconté avoir assisté à la mort de plusieurs sangliers tués faisant tête aux chiens. M. Alexandre Merlen que j'ai connu moi-même et qui mourut dernièrement à Nouvion, à proximité du théâtre de ses grands faits, m'a raconté l'histoire d'un vieux sanglier qui fit plusieurs fois le tour de la forêt et qu'il tua enfin dans les fonds sur Marcheville, acculé devant les derniers chiens qui avaient résisté à de longues heures de chasse.

Les renseignements me manquent malheureusement sur cette période des chasses de Crécy.

Le général Filon s'était comme M. Merlen retiré en vue des ombrages de la forêt, à Forêtmontiers; je ne sais où il mourut.

M. de la Houssoie vieux, et retiré à Neuilly-l'Hôpital, avait renoncé à la chasse, mais non à l'éducation des chiens; il continua jusqu'à sa mort à en élever avec un soin passionné. Un vieux piqueur du prince de Condé, nommé Isaïe, les conduisait et rendait compte au retour à son maître de la manière dont ils s'étaient comportés; les rapports d'Isaïe occupaient ainsi les soirées du vieux chasseur cloué sur sa chaise.

J'ignore la fin des autres, mais j'espère qu'ils moururent fidèles à saint Hubert.

IV.

LES DERNIERS SANGLIERS. — LES PREMIERS CHEVREUILS.

A cette première génération des chasseurs de Crécy succédèrent MM. Paul de Pingré, Dumaisniel d'Applaincourt, Edouard de Morgan, de Louvencourt et quelques autres.

Cette seconde génération vit disparaître les sangliers de la forêt et y introduisit les chevreuils.

Les causes de l'émigration des sangliers sont multiples; les actionnaires de la chasse n'en sont peut-être pas absolûment innocents. La manière dont ils les chassaient fusillant leurs bandes au lancer, sans attendre qu'elles se séparassent pour s'attaquer à un seul et le poursuivre loyalement, a pu inspirer aux animaux une terreur suffisante pour déterminer leur fuite en masse. Mais les nétoiements de la forêt qui faisaient disparaître les derniers forts où les bêtes s'abritassent, les fossés récemment creusés et abrupts le long des laies d'exploitation purent aussi contribuer à leur légitime défiance, d'autant mieux que ces fossés devenaient un moyen trop facile de destruction ; les marcassins poursuivis ou dérobés se jetaient dans ces tranchées qu'ils suivaient quelquefois pendant plus d'un quart de lieue et tombaient sous le fusil des chasseurs qui inauguraient, faut-il le dire et m'en voudront-ils ? le braconage dans la forêt de Crécy. Si bien enfin qu'un vilain jour, en 1833, tous les sangliers qui avaient échappé au massacre désertèrent la forêt et se dirigèrent vers les futaies d'Eu en traversant la Somme. Plusieurs, le plus grand nombre peut-être, surpris par la mer montante, périrent dans cette émigration. On retrouva les cadavres gonflés sur les rives de la Somme ou sur les côtes de la mer ; un d'eux encore vivant fut péché à la marée descendante par des marins et tué par eux dans leur bâteau. Depuis ce temps on n'a plus revu de sangliers dans la forêt de Crécy.

Plusieurs fois cependant il fut question d'y introduire des laies pleines ou des marcassins. Chaque fois on fut arrêté par des considérations mesquines, mais compliquées. On a craint que la colonie nouvelle n'émigrât de nouveau ; on s'est épouvanté des dommages à réparer dans les pommes de terre ; on s'est défié du bon vouloir des gardes. Il faut savoir que dans les coupes de l'année, quand les charbonniers ont brûlé leur charbon et l'ont enlevé, il reste, au milieu des taillis rasés, de grands emplacements circulaires, noircis par le feu et débarrassés d'herbe où les navets et d'autres légumes poussent admirablement ; les gardes se sont attribués pour leur culture potagère l'usage de ces emplacements, et aujourd'hui, si on voulait réintégrer dans la forêt une colonie de bêtes noires au groin destructeur, il faudrait compter par des indemnités non seulement avec les propriétaires ou cultivateurs riverains de la forêt, mais avec les gardes même. Ainsi les petits obstacles arrêtent, déconcertent ou découragent au début les meilleures entreprises. Un des derniers inspecteurs forestiers, cependant, de la conservation de la Somme, M. Clovis de Prémorel, avait eu l'intention de rétablir quelques fourrés en différentes places de la forêt et de faire revenir lui-même des sangliers des Ardennes. Le départ de M. de Prémorel ne lui a pas permis de réaliser cet essai.

Les sangliers disparus, il fallut songer cependant à repeupler la forêt de quelque espèce de gibier ; on pensa au chevreuil. Justement vers ce temps, M. le comte d'Hinnisdal en introduisait plusieurs paires dans ses bois de Regnières-Ecluse ; on en mit quelques autres dans la forêt et on s'abstint de les chasser pendant un an ou deux. Bientôt les chevreuils multipliés dans les bois de Regnières-Ecluse refluèrent dans notre forêt voisine de ces bois qui se trouva ainsi peuplée. C'est sur ces chevreuils que s'exerce principalement maintenant la chasse des actionnaires de Crécy.

V.

LE CHEVREUIL.

Modus, Phébus, Du Fouilloux, Salnove, Leverrier de la Conterie m'avoueraient-ils pour un historien de chasse si je leur racontais nos procédés dans la forêt de Crécy ?

Quoiqu'on en puisse dire ou écrire, la chasse du chevreuil est une des plus difficiles, tant à cause des mœurs des animaux qui vont en harde et de leur habileté à battre le change qu'à cause de leur résistance aux longues poursuites quand ils ne font pas bondir un autre animal devant eux. La difficulté est augmentée à Crécy par la forme et le peu d'étendue de la forêt où le chevreuil n'a qu'à tourner dans un espace restreint pour livrer un change aux chiens. Aussi toutes les premières associations chassantes de la forêt s'étant découragées bien vite devant les difficultés, les associations qui leur ont succédé n'ont plus fait que suivre leurs errements ; on a renoncé à prendre par force et on a avili le vieux et classique *Laisser courre* jusqu'à le transformer en traque déguisée avec toute les circonstances aggravantes des fusils embusqués. Sans les trompes, les chevaux et un certain nombre de chiens de bonne taille et de belle voix, on eut pu se croire dans le plus sot parc de cette sotte et ménagère Allemagne, basse-cour du gibier, où les plus nobles bêtes sont traitées en lapins de clapier.

On doit marquer cette différence cependant que les allemands portent naturellement dans la conduite de leurs chasses leur épaisseur allemande, une économie de fermiers, une arrière pensée d'hommes de table, tandis que nous transgressons nos lois françaises par une défiance exagérée de nos moyens, un abendon du mouvement qui est notre vie, une triviale furie de massacre et une véritable dépravation de nos instincts naturels: nous sommes plus coupables que les allemands.

Peut-être arriva-t-il, je le sais, à M. E. de Morgan dont les chiens étaient des bâtards anglais de beaucoup de tenue de prendre quelquefois des chevreuils qui n'avaient pas subi l'affront du fusil; et nous raconterons plus loin comment M. Paul de Pingré en prit un un jour. Mais ces faits étaient tout-à-fait exceptionnels et obtenus pour la plupart sans intention préméditée au lancer. Nous expliquerons cependant comment nous croyons possible de prendre.

Le plus souvent on découple dans les taillis où se tiennent habituellement les chevreuils, on quête devant soi, on attaque où on peut. Au premier aboi des chiens, les chasseurs s'étendent le long des allées, les plus ardents s'élancent à travers le bois à pied ou à cheval pour devancer l'animal lancé et l'attendre au passage. Jusques là nous sortons peu du système des traques, mais si l'animal n'est pas tué dans les dix minutes qui suivent le lancer, le plaisir commence pour ceux qui sur la semelle de leurs souliers ou sur leurs étriers savent percer les taillis et enceindre de grands espaces.

C'est toujours ainsi que j'ai vu, sauf quelques tentatives insuffisamment poursuivies d'Alexandre le piqueur de M. E. Dufossé, pratiquer la chasse du chevreuil à Crécy; et c'est ainsi que nous en agîmes dans quelques circonstances que je vais raconter. Je choisirai parmi nos coups de fusil ceux dont l'indignité est relevée par quelque péripétie.

VI.

ÉPISODES ET EXEMPLES.

Je dois à M. de Louvencourt, un des plus anciens parmi les actionnaires actuels de la chasse de Crécy, ma première chasse dans cette fôrêt.

Chevaux et chiens partis dès la pointe du jour nous attendaient à Nouvion ; à neuf heures du matin nous étions dans la forêt.

Sur des renseignements qui affirmaient que la veille, une harde avait été levée sur la lisière de la forêt, vers le bois de Nouvion, la quête fut dirigée de ce côté.

Les renseignements ne mentaient pas; les chiens rapprochaient depuis un instant, quand, tout-à-coup, le concert bien réglé de leurs gorges annonça que la bête était sur pied. La trompe du piqueur Victor ne nous laissa plus de doute; un brocard était lancé, et la chasse tournait rondement dans les taillis où l'animal se faisait battre.

La bête levée si près des champs, après s'être ainsi jouée quelque peu près de nous, prit un parti rapide et fila droit au Grand-Carré.

Nous partîmes au galop pour gagner par un sentier la route de Forêtmontiers à Canchy que devait traverser la chasse.

Le sentier était étroit et à peine frayé comme il y en a quelquefois dans les lisières voisines des champs où l'air plus vif fait croitre les taillis comme dans des bosquets particuliers; les branches sans feuilles me cinglaient vigoureusement le visage, mais c'était ma première chasse, et, pour rien au monde, je n'aurais voulu ne pas me trouver le premier partout.

Nous arrivâmes trop tard cependant; le chevreuil venait de traverser la route au moment où nous y tombions. Il fallait courir plus loin derrière la bête jusqu'à ce qu'il nous fut possible de la couper et de nous poster pour l'atteindre à quelque nouveau passage.

Nous courions ainsi depuis un instant, et le chevreuil après avoir traversé sans que nous ayons pu l'apercevoir la route de Machy, coupé un grand angle du Grand-Carré et retraversé la route de Forêtmontiers à Canchy, s'était rejeté de nouveau vers les bois de Nouvion quand M. de Louvencourt, se tournant vers moi dans un sentier bouleversé par d'anciennes extractions de gravier, me dit : Ecoutez ; il revient ; cette place doit être bonne.

Nous nous écartâmes l'un de l'autre de deux ou trois cents pas ; je descendis de cheval, nouai la bride autour d'un baliveau et me jetai à quelques pas dans un des trous qu'embarrassaient des fourrés de ronces ; j'avais armé mon fusil et j'attendais.

Les chiens se rapprochaient sensiblement.

J'embrassais de mes yeux inquiets un large espace du taillis devant moi ; et je n'ai aucune honte à avouer que le cœur me battait un peu.

Une ombre lointaine passa entre les dernières cépées à l'endroit où elles commencent par l'entrelacement des mille petites branches interposées à n'être guères plus pénétrables au regard que les grands hérissons roux du poète.

Cette ombre était si vague, et je l'avais si peu entrevue, que je ne savais que penser. Le cercle décrit par mes yeux s'inclina un peu à gauche cependant dans la direction de cette ombre.

Les chiens donnaient toujours et je les entendais venir obliquement vers moi.

L'ombre reparut, mais cette fois bien visible : c'était le chevreuil qui, traversant notre sentier, passait à deux ou trois cents pas.

Les chiens passèrent, tous bien criant et sûrs de la voie ; on les aurait couverts d'un seul manteau. Le piqueur Victor, nous sachant près de là sans connaître au juste notre position et ne voulant pas exciter les allures du chevreuil qui se faisait battre de nouveau, ne sonnait pas.

J'écoutais toujours ; la chasse, tout en s'éloignant un peu, semblait décrire une ellipse autour de moi.

Je repassai mon fusil dans l'étui et remontai à cheval. Je n'avais pas fait trois foulées que je crus remarquer tout à coup, et fort heureusement, que l'ellipse n'en était plus une, et que la chasse, accusant un angle droit, revenait directement vers l'excavation pleine de ronces dont j'étais sorti trop vite.

Holà ! fis-je tout bas, en m'adressant tout à la fois aux oreilles et à la bouche de Jeannette ; et je fus par terre tout d'un temps. Je jetai la bride sur la fourche brisée d'un arbre que le hasard m'offrit et courus à dix pas de là pour garer mon embuscade prudente du voisinage compromettant de Jeannette qui piétinait en fille impatiente et secouait les branches en vraie gourmande.

J'attendais immobile contre un arbre quand l'ombre que je connaissais déjà se montra de nouveau, mais avec des formes distinctes, les bois hauts, et froissant les feuilles sèches avec bruit, comme pour protester contre tout soupçon de fantasmagorie. Elle courait au petit galop et me venait en tête.

Je ne bougeais pas.

Le chevreuil ne m'avait pas éventé et venait toujours ; je m'étais promis de le laisser s'avancer tant qu'il voudrait ; la direction qu'il suivait devait le jeter contre moi.

Trente pas nous séparaient encore, il s'arrêta ; je le voyais fixe, la tête haute derrière une grosse cépée ; la turbulente Jeannette avait distrait sa première frayeur par l'éveil d'une autre crainte ; peut-être encore, après un premier examen rassurant, écoutait-il simplement les bruits de guerre qui le talonnaient ; toujours est-il qu'un peu tourné vers Jeannette, et me faisant face de corps, il me présentait légérement l'épaule droite.

Je n'attendis plus et mis en joue.

Le chevreuil ne vit même pas mon mouvement ; Jeannette qui n'avait cependant rien de Méduse semblait l'avoir pétrifié ; j'appuyai lentement sur la gachette et je fis feu.

Au coup de fusil l'animal sortit de la cépée ; je crus le voir chanceler et manquer à chaque pas de donner des genoux en terre Il se présentait alors en travers ; un second coup l'eut probablement jeté bas; je ne sais pourquoi la conscience que j'avais de l'avoir touché et sa démarche boiteuse me firent hésiter.

Il s'arrêta de nouveau vingt pas plus loin, la tête tournée vers les chiens qu'il ne voyait pas, mais qui se rapprochaient rapidement et qu'il entendait sans doute. A cette distance j'aurais pu encore lui envoyer mon second coup; un excès de précaution me retint : je ne voulais pas me trouver désarmé en face de lui, si un hasard favorable le rapprochait de moi. Le chevreuil, après avoir écouté une seconde ou deux, reprit sa course.

Je rechargeai mon fusil.

Je versais mon plomb dans le canon; les chiens parurent. Comme cela arrive souvent, ils balancèrent un instant à l'endroit du coup; je me hâtai de battre ma dernière bourre pour les remettre sur la voie, inquiet que j'étais du résultat de ma décharge et de la claudication du chevreuil. Mon empressement était inutile. La voie était reprise, et la bande tout entière repartait criant à faire plaisir.

En ce moment Victor débuchait du taillis :

— Monsieur l'a-t-il touché?

— Je le crois.

Et Victor, entendant tourner la chasse sans écarts, attendit à coté de moi.

Bientôt nous nous regardâmes sans dire mot; la chasse revenait rapidement sur nous.

Un mouvement brusque rejeta mon fusil dans mes deux mains. Les chiens se rapprochaient, se rapprochaient, se rapprochaient, et je ne voyais rien.

Le chevreuil devenait un être fantastique. Allais-je donc avoir cette fortune d'assister à quelque chasse des ballades allemandes?

Mes yeux perçaient le taillis; j'avais déjà entrevu quelques taches blanches et noires ; les chiens étaient devant moi, mais de chevreuil point.

Si j'avais eu alors plus d'expérience, j'aurais reconnu le chant de triomphe des chiens, les hurlements de l'hallali sur pied, mais je m'en rapportais plus à mes yeux qu'à mes oreilles, aux apparences qu'à mon jugement, et je distinguais les chiens et je n'avais pas vu passer la bête.

Enfin je la vis; elle galopait lourdement au milieu des chiens, et pour la seconde fois revenait droit à moi.

Une émotion dont j'avoue n'avoir pas été maître me fit lever mon fusil ; je le rabaissai plus vite encore. Un simple coup d'œil et un éclair de réflexion suffisaient trop. Le chevreuil était pris.

Il ne put venir tomber à mes pieds. A six pas de moi un chien le saisit par le cuissot; l'animal fléchit et tous les chiens tombèrent sur lui.

J'accourus; il ne se défendait plus, et une écume rose mouillait ses lèvres entre lesquelles sortait la langue.

Si je me souviens si bien des faits, c'est que cette chasse, la première à laquelle je participais, fut un événement alors dans ma vie de chasseur et que l'émotion qui me tenait a fixé les moindres détails dans ma mémoire. Les vieux généraux racontent en buvant de la tisane leurs batailles avec plus de précision qu'ils n'en ont mis dans leurs bulletins de campagne en sortant du feu.

Victor descend de cheval, met le pied sur le chevreuil, le débarrasse des chiens à grands coups de fouet et sonne l'hallali. Les chasseurs accourent ; on boucle le chevreuil sur le cou d'un cheval. C'était un superbe brocard avec des bois deux fois plus longs que la main; sa tête est encore accrochée dans mon cabinet et c'est en lui jetant de temps en temps un regard amical que je me suis rappelé, une à une, toutes les circonstances de cette grande journée. — Victor lève le pied, me le présente, me sonne les honneurs, et voilà comment j'ai assassiné mon premier chevreuil.

Un second chevreuil fut attaqué et tué dans la journée, mais, ignorant encore les brusques retours de cette chasse, je sautai par dessus les chiens et fus me promener à Crécy pendant qu'ils se rabattaient sur Machy ; je n'arrivai qu'après la mort, aux fanfares de Victor, et je ne puis rien raconter des événements de cette seconde chasse.

Je voudrais bien cependant, avant de finir ce chapitre, faire accepter le récit de notre plus haut fait de *braconnage*.

Je m'étais installé avec mon tout petit équipage de huit chiens et l'éternelle Jeannette à Nouvion. J'évitais par cette installation qui me mettait en vue de la forêt, les ennuis du déplacement continuel d'Abbeville à Canchy, à Forêt-l'Abbaye ou à Nouvion même ; un jeune *coureur de bois* de seize ans me servait pédestrement de piqueur, et, dans ce très modeste train, je chassais tous les deux jours et quelque fois plus, laissant par hasard reposer deux chiens, les plus fatigués parmi les huit. — Vous tuerez vos chiens, me disait-on, et il y avait de quoi. Il n'en fut rien : les pauvres bêtes, convenablement soignées et pansées au retour, supportèrent ce métier et cette fatigue pendant les dernières semaines de la saison de chasse et ne furent pas même malades, mais nous vivions ensemble et elles prenaient part à mon plaisir autant que j'en pouvais prendre au leur ; le soir nous nous chauffions au même feu, et, si nous ne partagions pas les mêmes repas, j'assistais toujours scrupuleusement au souper qu'on leur servait aux flambeaux.

Les bons jours étaient ceux où je recevais mes amis d'Abbeville ou des environs, toujours sollicicités par moi, mais qui souvent me faisaient défaut.

Une fois en forêt et sur cette bonne route de Nouvion à Machy que j'ai tant battue, Calin découplait et je me jetais avec lui sous bois pour quêter. L'attaque ne nous embarassait pas ; je connaissais une harde de quatre animaux qui se promenait habituellement à gauche de cette route de Machy, entre celles de Forêtmontiers et de Bernay ; au bout de vingt minutes, les chiens rapprochaient ; la modeste trompe en corne de Calin les excitait, et bientôt après la harde sur pied décampait ; je laissais le plus souvent le soin de tirer à mes amis, m'appliquant surtout à prévenir ou à corriger la séparation de mes huit chiens quand la harde se divisait. Grande affaire à laquelle je ne réussissais pas toujours !

Jusqu'alors la harde avait échappé à tous les hasards et dérouté la stratégie des plus ingambes tireurs. Le brocard manquait cependant maintenant à la petite bande ; la tribu cherchait en vain son chef aux lieux accoutumés. Deux ou trois jours avant celui qui fut notre grand jour et le grand jour de nos chiens, ce brocard dont les bois attestaient l'âge et l'expérience était venu passer à portée d'un petit fusil à crosse brisée que j'attachais à ma selle pour courir plus facilement dans le bois. A pied, au coin de la route *du bois des Célestins* et de la route *de Nouvion à Machy*, la bride de Jeannette dans mon coude, j'entendais venir, assez en avant des autres chiens, Stentor, le fils du prudent Montagnard. J'accusais le brave chien de rapprocher avec des allures de bricole une voie chaude; j'avais tort, il s'était attaché seul au chef séparé tout d'abord du reste de la harde que les autres chiens chassaient un peu en arrière. Maintenant le doute n'était plus possible ; la bête était sur pied. Stentor criait activement et ses compagnons suivaient une direction assez différente pour que je reconnusse deux chasses; bientôt j'entendis sur les feuilles sèches ce petit galop qui arrête la respiration sur les lèvres du chasseur à l'affut. Le taillis était clair ; le brocard que j'entrevoyais déjà ne me voyait pas ou ne s'inquiétait pas de moi, et j'eus amplement le temps de viser et de tirer. Hébété par mes deux coups, le chevreuil s'arrêta, puis fit quelques pas, et vint se poser à trois pas devant moi sur le talus élevé du fossé bordant la route; il était évidemment touché.

— Nous le tenons, eus-je l'imprudence de crier, en remontant à cheval, à M. d'Hantecourt qui arrivait au galop.

Ce cri me porta malheur. Si on ne doit vendre la peau de l'ours que lorsqu'on le tient, on ne tient les bois d'un chevreuil que lorsque la bête est à bas. Quand je me retournai, le chevreuil avait disparu. Je dois dire qu'il était suivi d'un autre qui me parut de moindre taille. Ainsi la harde, partagée en deux, occupait tous les chiens, mais Stentor était seul sur la bête blessée et dans des conditions où un change était fort à craindre.

Bientôt je le vis paraître; il allait d'une bonne vitesse et levait le nez en hurlant comme un chien sur de son fait.

—Allons, ma bonne bête, dis-je à Jeannette avec qui j'avais l'habitude de causer! Et je partis derrière Stentor afin de ne pas le perdre de vue. — La gorge du fils de Montagnard péchait un peu par la portée et je voulais arriver en même temps que lui,—telle était ma présomption,—sur l'animal que nous allions prendre. Je ne sais combien de tours et de détours je fis ainsi à sa suite dans un massif assez restreint; mon brocard tournait toujours. Stentor n'hésitait jamais, et Jeannette obligée de galoper dans les taillis, saccadée à chaque instant entre les arbres, au milieu des étaus qui menaçaient ses pieds, ruisselait de sueur; enfin, dans un des retours, je retrouvai Calin à la queue des autres chiens qui venaient d'entrer dans notre massif: —Enlève-les, enlève-les, criai-je à Calin; à Stentor! à Stentor! et je tombai au milieu des chiens à coups de fouet. Ils rejoignirent Stentor, et, après une légère hésitation, ils s'élancèrent avec un bruit superbe.

Voyant toute la petite *meute* ralliée, je m'arrêtai pour respirer un peu et laisser souffler Jeannette :—Suis, dis-je à Calin: il y a un chevreuil blessé.

Calin partit comme un trait, mais Calin manquait d'expérience. Il faut savoir que, la veille, j'avais augmenté mon *chenil* d'une petite chienne nommée Fanfare, jolie chienne assez délicate et point mauvaise, mais coupable du plus grand des vices; au demeurant, la meilleure chienne du monde. Au moindre balancé, la diablesse enfilait le contre-pied avec une assurance qui enlevait, momentanément du moins, les autres chiens. On comprendra mon désappointement lorsqu'un court instant après le ralliement des chiens, je retournai sur la chasse et retrouvai Calin; les chiens chassaient mollement et Stentor n'était plus avec eux. — Eh bien! où est Stentor, demandai-je à Calin? — Stentor! il est bien loin par là. — Mais malheureux, c'était Stentor qu'il fallait suivre. Fanfare conduisait bravement les autres chiens; elle avait pris le contre-pied ou s'était attachée à la voie du second chevreuil. Le lendemain on lui passa au cou une corde dont je n'ai gardé aucun bout, et je jurai de n'appeler plus de ma vie une chienne Fanfare.

Quant à Stentor je ne le revis que deux ou trois heures après; des cantonniers l'avaient vu passer chassant et se rabattant sur les bois de Nouvion du côté de Forêt-l'Abbaye. Le lendemain les chiens de M. de Valanglart prirent après dix minutes de chasse, dans cette partie de la forêt au-dessus du bois Blasset, un grand brocard dont les bois étaient magnifiques; il avait l'épaule droite criblée de plomb, et j'ai toujours pensé que Stentor eut pu le reconnaître au pied.

Or, donc ce jour-là, — je viens à mon histoire héroïque, — nous avions remis sur pied notre harde connue, désormais sans chef. Mon frère était seul avec moi et nous avions lâché nos huit chiens; ils réparèrent avec usure la faute de Fanfare, et leur bonne tenue et la façon dont ils se conduisirent firent que notre braconnage, bien qu'il tournât à la fin au massacre, eut les allures d'une honorable chasse.

La harde à peine attaquée traversa la route de Nouvion à Machy, se jeta et tourna dans les petits taillis du Grand-Carré où les coupes récentes faisaient foisonner les ronces et les genets et ne se divisa qu'après être remontée vers le poteau de Machy; là, un des chevreuils bondit de nouveau sur la route suivi par tous les chiens. Nous nous jetâmes derrière eux sous le bois. Je pus remarquer alors comment les chevreuils doublent leurs voies et celui-ci dut la mort à une ruse qui eut pu le débarrasser des chiens ou les éloigner de lui par un long balancé.

Je suivais les chiens depuis quelque temps, regardant à terre les feuilles retournées par leurs pattes, quand je vis revenir de loin mon chevreuil retournant de nouveau ces mêmes feuilles où devait encore rester, avec l'odeur de son premier passage, l'odeur plus récente du passage des chiens; il m'éventa d'assez loin et se détourna un peu; je lui envoyai dans le côté mes deux coups de fusil qu'il reçut sans faire un mouvement ni accélérer sa course. L'avais-je manqué? mon fusil n'était-il pas bien chargé? Je me faisais ces questions en me baissant pour distinguer plus loin sous les grands taillis, quand je vis le chevreuil se ralentir, puis plier les genoux et se coucher; je marchai sur lui; ses lèvres écumaient du sang et ses yeux seuls semblaient vivre encore un peu. C'était un jeune brocard dont les bois commençaient à percer.

Ce premier chevreuil déposé dans la barraque voisine de la pépinière de Machy, nous retournâmes au Grand-Carré pour attaquer un des deux animaux que nous y savions restés.

Notre quête ne fut pas longue; les chiens rapprochèrent cinq minutes, et leurs voix bien nourries nous apprirent bientôt qu'une nouvelle bête fuyait devant eux; la chasse monta quelque peu, redescendit et remonta encore dans les bas taillis qui bordaient notre route de Nouvion; la bête ne s'enfonçant pas plus avant dans le Grand-Carré avait évidemment l'intention de traverser la route de Bernay pour se jeter sur Caumartin ou de retraverser celle de Nouvion pour revenir aux grands taillis où nous l'avions levée avec les autres; je gardais la route de Bernay; Arthur gardait celle de Nouvion. Les chiens poussaient le chevreuil comme dans un entonnoir sur le poteau de Machy. La chasse vient un peu sur moi, puis s'écarte; j'entends deux coups de fusil bien espacés. — Il est mort, me dis-je avec la plus tranquille des convictions. Arthur dont je jalouse encore le sang froid merveilleux, ayant eu le temps de tirer deux coups de fusil, ne pouvait avoir manqué. *Il* n'était pas mort, mais *elle* était morte; près du fossé de la route gisait une belle chevrette, veuve probablement du grand brocard dont j'ai raconté la fin.

Restait encore notre troisième bête, et vraiment après nos succès, nous n'eussions pas été excusables de retourner à l'attaque si le bail de chasse de la forêt n'eût du expirer bientôt.

Deux heures et demie de jour environ nous restaient encore pour la chasse. Quelques uns de nos chiens n'en pouvaient plus, mais quatre ou cinq, après quelques instants de repos, ne demandaient qu'à en reprendre encore. Le temps était, il faut le dire, très favorable; je n'en dois pas moins écrire ici les noms de Stentor, de Griffaut et de Taraut qui supportèrent la part principale de cette nouvelle chasse, mal aidés par deux ou trois de leurs camarades moins actifs et harassés.

Nous rentrâmes dans nos taillis du Grand-Carré que nous battîmes longtemps et par trois fois aux places où nous croyions pouvoir rencontrer. L'espoir nous abandonnait; les chiens commençaient à renoncer à la quête ou quêtaient sans courage; nous battions en zizags, mollement suivis par eux, les endroits clairs et les endroits fourrés; un lièvre me part dans les jambes, je le tue, mais pas si raide que les chiens ne s'élancent derrière lui. Au moment où ils le roulent, et à deux pas d'eux, je vois se lever une tache blanche. C'était notre chevreuil qui, rasé dans les ronces, nous laissait passer pour la troisième fois sans l'heureux accident qui faisait tomber les chiens sur lui. Les chiens acharnés au lièvre n'avaient pas vu bondir la plus noble proie qui se livrait à leur poursuite, mais ils étaient réveillés et l'ardeur leur était rendue; un instant après ils prenaient la voie du chevreuil avec un courage méritoire.

Il faut bien que je raconte encore un coup de fusil, puisque je me suis promis d'écrire l'histoire de cette journée et la triste destruction de notre harde; d'ailleurs l'honneur de nos chiens réclame surtout notre souvenir pour ce dernier exploit qui, après les fatigues des deux chasses précédentes, devient un titre de gloire que leur envieraient bien des chiens peints par Jadin.

Notre chevreuil, sans se faire battre, alla tout droit traverser la route de Nouvion ; c'était une habitude dans cette famille et je ne doute pas que toutes les familles de chevreuils n'aient des habitudes analogues dans les parties de forêts qu'elles habitent, habitudes qu'étudient avec soin les braconniers de métier et qui deviennent fatales aux pauvres bêtes. Il fila, sans presque dévier de sa ligne, comme s'il voulait gagner le bois des *Célestins* sur Forêtmontiers, mais une coupe en exploitation où des bucherons abattaient des arbres et ébranchaient les troncs renversés l'effraya, et, après avoir sauté quelques instants auprès des piles de bois, il rentra dans les grands taillis où courant à pied je m'étais attardé derrière lui ; là, il refit à peu près le chemin parcouru. J'entendis les chiens revenir et je me jetai dans un de ces trous creusés en croix à l'intersection des laies. J'attendis assez longtemps ; les chiens n'allaient pas vite et le chevreuil, qui cependant n'avait pas grande avance sur eux, ne se pressait pas. Enfin je l'aperçus venant obliquement vers moi ; il passait derrière les cépées qui ne me permettaient que de l'entrevoir ; mais il s'approchait toujours. Il vint ainsi à traverser une des laies que je gardais. Pan ! le coup de fusil reçu dans le flanc droit lui fit l'effet d'un soufflet ; il tourna brusquement sur lui-même et rentra derrière les cépées où je ne le pouvais plus voir. Le temps qu'il mit à reparaître à la seconde laie me faisait espérer qu'il était touché ; effectivement il se présenta au pas à cette seconde laie où mon second coup le jeta par terre.

Eh bien ! frappé à droite et à gauche, il n'était pas encore mort.

M. de Lamartine a raconté quelque part son dernier coup de fusil ; il s'agit d'un chevreuil blessé qu'il fut obligé d'achever à bout portant et dont la plainte l'émut tellement qu'il se promit de ne plus jouir désormais de la mort des bêtes ; je me trouvai, comme cela arrive assez souvent d'ailleurs, dans la nécessité d'achever mon chevreuil d'un coup de couteau. Alors je me serais rappelé, — s'ils avaient été faits, — ces vers de mon ami

Le Vavasseur qu'il me plait de répéter ici parce que la pièce où on les trouve a eu le très-grand honneur, dit-on, de dépiter l'intelligence d'hommes qui peut-être s'estiment des esprits fins, les gros ventres! d'impeccables lettrés, capables d'en remontrer à la retraite de la rue Ville-Lévêque et à l'exil de Guernesey (1) :

Sonnez, chasseurs sans pitié,
Sonnez l'hallali sur pié,
La bonne chasse!
. . . .
Mais comment vous admirer?
J'ai, — Puisqu'il faut déclarer
Mon sens intime, —
Le cœur ainsi départi :
Je suis toujours du parti
De la victime.
Devant vous, joyeux méchants,
Je fuis à travers les champs
Et j'ai la fièvre
Lorsque je vois sous la dent
Saigner le moignon pendant
Du pauvre lièvre.

C'était notre troisième chevreuil de la journée qui saignait sous mon couteau. Ce triple assassinat exécuté à deux, en quelques heures, devant huit chiens, est dans cette forêt de Crécy, où le braconnage comme nous le pratiquions et comme je le raconte est la chasse acceptée, le plus haut fait qui, de mémoire de chasseur, ait été accompli.

---

(1) J'aime surtout les vers cette langue immortelle,
a dit Alfred de Musset;

. . . . elle a cela pour elle
Que les sots d'aucun temps n'en ont su faire cas.

Ces gens là n'accepteront jamais comme poésie que de la prose plate, gâtée par des rimes pauvres; mais ces gens passent heureusement, et la poésie reste.

VII.

COMMENT ON POURRAIT PRENDRE LES CHEVREUILS. — L'ASSOCIATION ACTUELLE.

Nous expliquerons, avons-nous dit, comment nous croyons possible de prendre le chevreuil, même dans cette forêt de Crécy où les difficultés, ainsi est-on disposé à le croire, sont plus grandes qu'ailleurs.

Accusons d'abord l'insouci de nos prédécesseurs et notre défiance de nous-mêmes, insouci et défiance qui n'ont jamais permis de vérifier bien sérieusement ces difficultés ! On n'a pas pris, donc on ne peut prendre, déclaration commode, excuse à la paresse, prétexte aux coups de fusil ! et dans les quelques tentatives honorables qui ont été faites ne craignons pas d'accuser comme causes d'insuccès, le mode d'attaque et de suite, le découplement en masse des chiens pour la quête, — d'où leur division presque immanquable sur les hardes levées,— le défaut de la plupart des précautions dans la conduite de la chasse, etc. On a trop écouté pour cette chasse les autorités les mieux connues, Salnove, le roy Phebus et le moderne La Conterie, autorités pleine de déférences les unes pour les autres et posant toutes en principes les analogies du cerf et du chevreuil, conseillant les mêmes pratiques à peu près pour la poursuite de ces deux espèces d'animaux.

« Il semble, dit Salnove, que ceux qui ont écrit cy-devant de la chasse n'avoient pas encore l'entière connoissance du plaisir que l'on peut avoir à forcer le chevreüil avec les chiens courans, ny l'adresse de le faire puisqu'ils en ont dit si peu de choses : et néantmoins, c'est la plus considérable après celle du cerf, etc. » Et là dessus nous assistons dans la *Vénerie royale*, dans la *Vénerie* du seigneur du Rù et dans l'*Ecole de la chasse aux chiens courants* à une sorte de répétition de la chasse du cerf.

Salnove tranchait bien à son aise. Le secret de la chasse du chevreuil, — si nos propres mais bien incomplètes observations nous permettent de le deviner,—est dans un livre plus vieux que le sien, plus vieux que Gaston de Foix et du Fouilloux, dans le *livre du roy Modus et de la royne Racio.*

Ainsi la plupart des chasseurs qui à Crécy ont cherché à prendre le chevreuil, tout en négligeant de faire faire le bois, s'en sont toujours rapportés plus ou moins à la science des auteurs cités plus haut, jetant en forêt le plus de chiens qu'ils pouvaient ; or « le chevreuil, dit Modus, doit être chacé à prendre à force à peu de chiens. »

Les jours où ils voulaient essayer de prendre, ces chasseurs découplaient indifféremment dans les hautes futaies claires ou dans les taillis fourrés douze, quinze ou vingt chiens pour le moins ; or, nous apprend Modus, si on chasse le chevreuil dans des taillis assez fourrés pour qu'on ne puisse le reconnaître *au saillir*, on ne doit d'abord laisser aller que deux chiens ou trois pour la quête, et, lorsqu'on a reconnu le chevreuil, on ne doit laisser courre dessus que les chiens les plus sages et les moins raides. A Crécy, les douze, quinze ou vingt chiens partaient avec un vacarme magnifique ; au bout d'un quart d'heure ils formaient trois chasses dans des directions différentes, et une demi-heure plus tard la plupart avaient mis bas plus surmenés que le chevreuil par leur propre vitesse. Laissons donc jeter leur premier feu aux disciples de Salnove et suivons un instant Modus.

« On doit toujours à cette chasse, dit le roy, devancer les chiens pour trois causes. » Cette condition ne serait pas une difficulté dans l'état actuel des routes et des sentiers de la forêt, de l'aménagement du grand carré, des nettoiements dans les autres parties ; les chasseurs de Crécy ne pourraient se plaindre que de l'uniformité du terrain qui ôte tout mérite à l'instinct de la course et à la direction choisie.

Les trois causes de Modus sont ainsi raisonnées.

La première, dit-il, est pour s'assurer que les chiens chassent toujours le chevreuil, la seconde pour relaisser deux ou trois chiens et reprendre ceux qui chassent. On voit que nous sommes loin du système des équipages nombreux.

La troisième est que, si l'on s'aperçoit qu'il y ait change, il faut alors reprendre des chiens le plus qu'on peut, laisser éloigner ceux qui chassent le change jusqu'à ce qu'on ne les puisse ouïr, puis retourner au point où l'on suppose le change fait ; laisser aller de nouveau deux ou trois des plus sages chiens, et requêter en tournant bien à loisir. Modus promet la prise avec ces précautions.

Le chapitre de Modus sur la chasse du chevreuil est le plus court, mais le plus pratique des traités. On peut le résumer en ces trois points : quelques précautions, peu de chiens au lancer, quelques relais.

C'est par des relais que le hasard aposta sous sa main que M. Paul de Pingré força un jour un chevreuil après onze heures de chasse. Nous tenons le récit de sa propre bouche. Il était entré de fort bonne heure en forêt, devant revenir dîner à Abbeville. Dix chiens seulement composaient son équipage. A sept ou huit heures du matin, aux environs de Forêt-l'Abbaye, un brocard avait bondi devant la petite bande ; vers onze heures ou midi la moitié des chiens s'égara sur un change, mit bas et revint à Canchy, où les domestiques leur ouvrirent la porte du chenil. Pendant ce temps la chasse marchait toujours en forêt et les cinq chiens, tantôt mollement tantôt chaudement, ne quittaient pas leur chevreuil ; sur les quatre ou cinq heures, M. de Pingré, pressé de revenir à Abbeville, abandonna la chasse, ordonnant de rompre à la première occasion. Il était rentré depuis quelques instants dans Canchy et faisait atteler lorsqu'il reconnut distinctement un débucher et la trompe de son piqueur sonnant des bien-aller. Tapage joyeux, tapage intempestif ! M. de Pingré n'y comprenait rien ; il avait, comme nous l'avons dit, donné l'ordre de reprendre les chiens derrière lui. L'heure du départ pressait ; il prêta l'oreille ; les appels succédaient aux bien-aller, les bien-aller aux appels, et les chiens donnaient toujours, tournant sur la lisière du Rondel et traversant les haies du village. Cette insistance du piqueur devenait une sollicitation trop vive; M. de Pingré, foulant enfin ses devoirs de civilité sous ses souliers de chasse, ne tint pas contre la trompe et contre ses chiens; il reprit ceux qui, rentrés depuis plusieurs heures, avaient eu le temps de se reposer au chenil, et courut les rallier aux autres. La chasse repartit de plus belle et une heure après le chevreuil, rentré en forêt, était porté bas non loin d'une des Trois Mares, entre le grand carré et le Rondel. M. de Pingré ne s'appliquait pas d'ailleurs à prendre à force et ce fut la seule fois, et presque sans s'y attendre, ainsi qu'il le raconte lui-même, qu'il obtint ce résultat glorieux.

M. Paul de Lamotte, que nous avons nommé dans notre chapitre du *Lièvre*, résolut une fois de tenter la prise d'un chevreuil à Crécy. Il choisit un jour de fête publique, l'inauguration de quelque gouvernement, afin d'être absolument seul dans la forêt avec deux ou trois personnes dont il ne redoutait pas les étourderies. — La forêt était en effet déserte; les maraudeurs des villages voisins dansaient sur les places ou buvaient dans les cabarets; le tambour battait dans toutes les communes pour des revues de pompiers; les gardes même de la forêt avaient été convoqués par leurs chefs à Abbeville. Nous ne savons pas comment M. de Lamotte procéda pour la quête, ni comment il comptait conduire sa chasse; la tentative ne réussit pas. Quoiqu'il fût entré en forêt aux premières heures de la matinée, il ne lança son chevreuil que beaucoup trop tard, vers deux ou trois heures de relevée; il ne fallait plus songer à prendre. Mais cette heure tardive de l'attaque nous donne à juger des excessives précautions de la quête et du lancer, et nous ne serions pas étonnés que M. de Lamotte eut suivi ce jour-là les conseils prudents de la quête à deux chiens de Modus.

Voici donc ce que nous proposerions aux actionnaires de Crécy qui voudraient renouveler la tentative de M. de Lamotte.

Il est difficile, nous en convenons, de faire le bois pour un chevreuil, de voir suffisamment l'animal par corps pour distinguer le mâle de la femelle, de séparer avec un limier les individus composant une harde ou d'empêcher avant l'attaque, remise souvent à plusieurs heures, cette harde de se réu ir; on suppléerait à cette précaution ordinaire de la chasse à courre par la quête à deux chiens de Modus. On suivrait en outre les règles que nous avons rapportées pour le lancer avec des chiens sages, les relais et les changes. Un ou deux relais volants suffiraient peut-être. Pour plus de simplicité, et à défaut de valets de chiens suffisamment stylés, je proposerais de mettre ces relais sur de petites charrettes attelées d'un cheval. Un de ces relais pourrait ainsi parcourir d'abord la route de Nouvion à Machy si l'attaque se faisait du côté du bois des Célestins, ou la route de Forêt-l'Abbaye à Crécy si l'attaque se faisait du côté du Rondel. Un dernier relai de chiens suffisamment sages, mais très-vites, serait gardé pour la fin, contrairement à la loi qui veut que l'on garde les chiens les plus lents pour ce dernier relai, *les six chiens*.

Le chevreuil, nous dit Salnove, est l'animal « qui fait le plus de retours et le plus de ruses sur ses fins, de tous ceux qui ont le pied fourchu. » Ce dernier relai soufflant au poil de la bête préviendrait ses retours et ses ruses et l'empêcherait de battre un dernier change. Elle ne pourrait tromper les chiens qu'en se jetant sur le ventre par un bond désespéré qui la séparerait de quelques pas de la voie; aussi faudrait-il dans les défauts requêter avec précaution en arrière et fouler lentement en fouettant les taillis fourrés et les ronces. Le seul danger serait de mettre sur les dents les chiens fatigués qu'on n'aurait pu reprendre. Je n'insiste que médiocrement d'ailleurs, sur la vitesse de ce dernier relai. Ce point à part, on trancherait peut-être sous la protection de saint Hubert et de Modus cette question si controversée : Les chevreuils peuvent-ils être pris dans la forêt de Crécy? Je suis convaincu d'avoir vu l'équipage de

M. Dufossé manquer un soir un chevreuil grâce aux dernières ruses d'un animal lassé.

Nous avons payé notre tribut de respect à la première et à la seconde génération des chasseurs de Crécy ; une troisième s'est produite sous les grands hêtres qui, je l'espère bien, aura droit à la considération de nos descendants. Quelques noms des anciennes sociétés figurent encore au milieu de la nouvelle. Ainsi, MM. Dumaisniel d'Applaincourt, de Valanglart, Morel sont aujourd'hui les *doyens* de l'association ; les nouveaux sont MM. Paul de Férolles, fermier, d'Aumale, Delegorgue, Descressonnières, Edouard de Lamotte, E. Mannier, de Salaignac, E. et A. Prarond. M. Dufossé, que nous avons plusieurs fois nommé dans ce chapitre, fait hélas ! défaut à l'association. Depuis quatorze ans, M. Dufossé chassait avec une persévérance qui ne s'est jamais démentie ; il s'était créé un équipage de dix-huit ou vingt chiens un peu lents, mais de belle gorge et chassant avec le plus parfait ensemble. M. Dufossé, souffrant de la poitrine, abandonna la forêt et partit au commencement de l'automne dernier pour Nice. Il mourut au pâle soleil de l'hiver italien en rêvant à la mousse verte des arbres du Nord, aux allées droites de sa forêt et aux abois de ses chiens. Rien ne prouve mieux la sincérité et la solidité des amitiés formées sur le terrain de chasse que le deuil qui remplissait l'église de Drucat le jour où, rapporté de si loin, il devait être descendu dans une fosse en vue des arbres de Crécy. Les chasseurs de tous les temps et de tous les âges qui l'avaient connu en chasse remplissaient les bancs de bois ; des piqueurs se tenaient en arrière dans une tribune sous le clocher, et, lorsque le grand cercueil de plomb vint tourner devant l'autel, suivant l'usage du pays, des larmes forçaient le passage dans les yeux des assistants.

Quelques jours après nous rencontrions encore dans la forêt ses chiens conduits par Alexandre, qui cherchait à donner quelque distraction à leur oisiveté en trompant lui-même ses regrets ; la vue de ces chiens chassant sans maître sous le fouet d'un piqueur presque pleurant était pleine de tristesse. Je leur aurais vu prendre un chevreuil sans oser me réjouir de leur triomphe, et un hallali sonné m'eut semblé une injure à la mort.

Les meilleurs de ces chiens sont aujourd'hui dans le chenil de M. de Férolles, qui s'est complété avec eux un excellent équipage.

V.

Retour au passé.

LES CHASSES DE PHILIPPE-LE-BON, DUC DE BOURGOGNE, EN PICARDIE (1419-1467)

Avant de nous éloigner de notre pauvre et chère forêt de Crécy, nous sommes heureux d'emprunter à M. le baron de la Fons-Mélicocq l'état des équipages de chasse du duc de Bourgogne, Philippe-le-Bon, en Picardie ; le duc de Bourgogne chassa dans notre forêt comme nous l'avons dit déjà et comme nous le confirment les comptes de sa maison. Nous resterons tout à fait avec M. de la Fons dans l'histoire cynégétique de notre pays.

Nous cédons la place à M. de la Fons-Mélicocq.

Dans un article hautement apprécié (1), M. le directeur de la *Picardie* nous a dit ce que devait être, dans notre temps, la chasse, pour rester un plaisir : qu'il nous soit permis, aujourd'hui, de faire connaître et la vénerie du duc Philippe-le-Bon, et ses chasses vraiment royales.

(1) M. de la Fons-Mélicocq a bien voulu nous envoyer cet article aussitôt après la publication de notre *Avertissement au lecteur honnête* dans la PICARDIE du 15 janvier 1857.

« Autrefois, dit M. El. Blaze, tous les gentilshommes, riches « ou pauvres, chassaient au faucon ; ceux même pour qui la « chasse n'était pas un plaisir, avaient des oiseaux *pour entrete-* « *nir noblesse.* Il fallait, au reste, être bien riche pour avoir une « fauconnerie propre à fournir tous les vols. On appelait *vol du* « *lièvre, vol du héron, vol du milan,* etc., l'équipage de faucons, « de chiens et d'hommes, spécialement destiné à chasser le « lièvre, le héron, le milan. » (Le moyen-âge et la renaissance art. chasse.)

Parlons d'abord du prix élevé de ces divers oiseaux. En 1421, un lanier et un laneret sont payés III l. IIII s. (trois lanneretz, XXVIII l. XVI s. (1431) ; trois oiseaux de proye, nommés ducs, coûtent (1426), VI l. ; deux jeunes autours, pris dans la forêt d'Hesdin, IIII l., alors que, en 1430, un ostoir est payé XX l. Cette même année, deux faucons coûtent LII l. XVI s., tandis « qu'ung faulcon *hagart*, ung tiercelet et un lanier ne sont payés que IIII l., et qu'un gerfault et un tiercelet de gerfault reviennent à XXIIII l. ; deux gerfaulx à XXVIII l. XVI s., deux « tierchelets de gerfaulx *sor*, à XX escus : » même prix pour deux bons tierchelets de faucon pour rivière. En 1456, « deux granz sacres, un gerfault et deux faulcons, *tous sors,* » coûtent XLIX l. IIII s. (L'oiseau de proie *sor* est celui qui a atteint sa taille, mais n'a pas encore mué. (Ménagier de Paris, t. II, p. 316.)

Puis figurent des faucons héronniers (1437). Deux bons faulcons de hérons, XXXV escus Phs. — 1441, ung faulcon héronnier, XXXII fr.), dont on se servait, sans doute, pour les chasses au marais ; car, en 1437, VII l. IIII s. sont accordés à Henry Eick, *espreveteur* de MS., pour avoir mué son esprevier, comme pour *quatre tambourins qu'il avoit fait faire pour le deduit des hérons aux oiseaux de rivière.*

Parmi tous ces oiseaux, achetés à si haut prix on voyait figurer ceux que les grands seigneurs avaient offerts à leur souverain, tels que le tiercelet de *mylion* (ailleurs : *mirlyon,* voy. le ménagier, t. II. p. 321), présent (1420) du bailli d'Auxois ;

« ung grant oyseau de proye, » appelé *melyon*, envoyé par MS. de Fonville (de la Tremoille); « ung tiercelet, d'Ostouoir (autour), » donné par le comte de St.-Pol. Cette même année (1421), le duc faisait donner XVI l. IIII s. à Colin Picotin, son *ostussier*, qu'il avait laissé à Bruges, pour y garder ung de ses *ostuoirs* malade. En 1450, le fauconnier du grand maître de Prusse, qui vient de sa part faire hommage d'un *hostouer blanc*, d'un faucon et d'un gierfaul, reçoit du prince LX clinquars d'or, val. LVII l. Cette même année, le duc lui fait compter L l., alors qu'il lui présente encore, au nom de son maître, huit faulcons, ung *ostoir* et ung grant lévrier blanc. Au *damoiseau* de Clèves IX l. X s. sont donnés pour ung *sacre sor* et ung tiercelet. En 1458, le *chapelain* de mess. Jehan de Croy reçoit XIIII l. VIII s., comme courtoisie d'ung *ostoir* par lui présenté, au nom de son maître. Celui qui, l'année suivante, porte lettres en Zélande, pour avoir « ung *ostoir gruyez et le chien,* » obtient LXXII s. Le duc envoie aussi vers le comte d'Ostrevant, auquel il demande « ung *ostoir,* » destiné à MS. d'Orléans.

En 1450, c'est Jehan de Vanessa, qui vient offrir au prince, des oiseaux de proie, au nom du roi d'Arragon.

En 1467, le fauconnier qui a *loirré* (*leurré*) *et mué,* (1) trois gerfaulx, venant du pays de Grèce, reçoit XVIII l. Cette même année, un gerfault est payé XVI l. XVI s.; deux faulcons « prendans hérons,» XLIIII l. IIII s.; ung lanier, commenchant à prendre hérons, XVIII l.; un faulcon héronnier XXX l.; un faulcon *sor*, « prendant héron » le même prix.

De son côté Philippe-le-Bon, envoyait des oiseaux de volerie à divers princes étrangers. Ainsi, en 1441, son fauconnier, Frerin Valart, recevait XXII fr., « pour ung gerfault et ung tiercelet de gerfault, qu'il vouloit offrir au duc de Milan. »

---

(1) On donne LXXII s. à un faulconnier *pour loirrer* ung gerfault. — Aux trois fauconniers qui *avoient affaité et lurré* VI faulcons, X l. XVI s. sont accordes. (Voy. le ménagier de Paris, t. II, pp. 316-18.)

Sûrs d'être généreusement récompensés, les paysans et autres s'empressaient de rapporter ceux de ces oiseaux qui, durant les chasses, s'étaient égarés. En 1421, en effet, MS. fait remettre XLII s. à un bon homme de village, qui lui a rapporté son esprevier. En 1431, XXX s. sont octroyés au fauconnier de l'évêque de Liége, quand il apporta « à MS, à Brouxelles, son gerfault, du pays de Liége, lequel avoit esté perdu par XV jours. » En 1457, Henriet le Vigreux se rend, par exprès commandement de MS. « hastivement, jour et nuit, de la ville de Bruges es villes d'Ippre, Baillans, Lille et autres villes et villaiges, là alenviron, pour savoir à aucunes personnes desdiz pais, s'ilz avoient point veu, ne oy parler d'un oiseau, nommé sacre, appartenant à MS. le Daulphin (1), qu'il a naguaires perdu ; et fait publyer es villes et lieux dessusdis, que s'aucuns le trouvoient, qu'ylz le feissent savoir à MDS. le Daulphin (2). »

Ces oiseaux n'étaient parfois retrouvés que dans des contrées fort éloignées, puisque, en 1461, le marquis de Brandebourg faisait remettre à Philippe-le-Bon son grand sacre, égaré auprès de Luxembourg, et retrouvé en Allemagne.

Nous voyons (1421) que XII XII^nes (douzaines) de chapperons pour les oyseaux sont payés IIII l. IIII s.; VI paires de grans gans pour esperviers, XX s. (IIII s. la paire en 1430) ; la paire

---

(1) En 1529, le maieur de Noyon remontroit aux échevins et jurez, que MS. de Vendosme lui avoit adressé lettres, par lesquelles il commandoit que, s'il passe aucuns oyseaulx de proye par ceste ville, qu'on les arreste, et qu'on les face conduire jusques à La Fère. Il fut, en conséquence, conclu qu'on ordonnerait au portier de la porte Dame-Journe de advertir, quant lesdis oyseaulx passeront, et de *l'éscliciquier*, afin de faire ce que led. de Vendosme ordonne. (Arch. de l'Hôtel-de-Ville de Noyon, reg. aux comptes, fol. 194 v°. — Voy. les ann. arch de M. Didron, t. XII, p. 195.

(2) Le duc fait donner XXX l. à Froimont, escuier et serviteur du Daulphin, qui lui avoit apporté, à Valenciennes, de la part de ce prince, certaine quantité de *bistardes*.

de sonnettes (1) de II à III s. (1430) ; les loyères, XVI s. pièce ; les longes VI d. Pour ces dernières on se servait de peaux de chiens.

Pour les vervelles (2) des faucons, on s'adressait aux orfèvres, puisque, en 1431, Jehan de Zeellande, orfèvre, obtenait XXI l. XII s., pour VI XII^nes de vervelles de faulcons, d'argent, armoyés aux armes de MDS., et *son nom escript* (3).

On faisait aussi usage d'orpiment, pour *orpimenter les oiseaulx* (voy. le ménagier, t. II, p. 325) ; car nous voyons qu'on alloue (1430) IIII l. XVI s. pour XLVIII onces d'orpiment « pour lesdiz oyseaulx. » On parle aussi de *momye,* de sang de dragon, de *chucre candis,* etc., pour les oiseaux.

Dans la meute du prince, où dominent les lévriers, nous remarquons le grand lévrier de MS. (1420), deux lévriers blancs, donnés par la duchesse de Bourbon ; quatre autres offerts par le comte de St.-Pol ; d'autres, donnés par le duc de Bedfort, régent de France. N'oublions pas *Belle,* sa lévrière.

En 1443, le duc faisait conduire de Valenciennes en ses pays de Bourgogne « pour les mectre en sa vénerie, » six chiennes portant lévriers.

Les lévriers de Bretagne étaient très-estimés, puisque le duc de ce pays envoyait (1441) à Philippe-le-Bon *trois grans lévriers de Bretaigne.*

Il y avait aussi des lévriers pour faire lever l'oiseau ; car, en 1436, le duc accorde XLVI s. à ceux qui lui présentent « deux petiz chiens leuvriers, pour l'oyseau. » Longtemps après (1467),

---

(1) Rabelais parle des légumaiges interbastez du loire à tout les sonnettes d'esparvier, faites à poinct de Hongrie. (Pantagruel, liv. II, chap. XIII.) Au liv. IV, chap. LVII, il parle des aigles, gerfaulx, faulcons, sacres, laniers, autours, esparviers, esmerillons, oyseaulx aguars, peregrins, essors, rapineux, saulvaiges.

(2) Voy. M. le comte de La Borde, les ducs de Bourgogne, *passim.*

(3) Six tourés d'argent pour les *ostoirs* et une douzaine pour les espervier s, sont payés X l. (Voy. nos artistes, p. 49.)

ung lévrier à héron, que MS. a donné à MS. le conte palatin du Rin, est payé CII s. VI d.

Le comptable n'oublie pas les XVI s. pour *longuement à oindre les lévriers.*

Puis sont mentionnés « deus grans chiens blancs, » nommés *alans* (1), originaires d'Espagne, (1426); (Longtemps àprès (1450), Pierre de Vendusse, chevalier du royaulme d'Espaigne, fait présenter à MS. par ses gens, qui reçoivent XII fr., quatre *chiens alans*, d'Espaigne); et deux limiers, envoyés par MS. Geoffroy de Villers (1428); des petits chiens terriers; XXVIII *petits chiens martelez*, nourris au château d'Hesdin; des *espaignoz* (2). (Voy. le ménagier, t. II, p. 281. — Rabelais parle des pillules, composées de levriers et de chiens terriers. (Pantagruel, liv. IV, chap. XLIV.)

Les chiens de Hainaut, alors fort estimés, étaient surtout employés pour prendre lièvres et regnars à force ; car nous voyons figurer dans le compte de 1447, XXXVI fr. XIII s. III d. t., pour les frais de six couples de ces chiens, envoyés à MS. le Dauphin par le duc, y compris les dépens de ceux qui les conduisaient.

Quelques années auparavant (1443), la duchesse de Bourgogne avait fait payer LXX s. au chevaucheur qui, par ses ordres, avait porté lettres closes à Révérend Père en Dieu l'abbé de St.-Amand, à MS. de Maingoval, au seigneur de Trelon, à MS. de Lannoy, à MS. de Roisin, à Jaques de Harchies et à Jehan Hincart, tant ou pays de Brabant, comme ou pays de Hayniau, par lesquelles madicte dame leur requiert lui envoier des chiens courans.

Ces divers seigneurs s'empressèrent certainement d'obtem-

(1) Au sujet de ces chiens, consult. Roquefort, *Gloss.*, suppl. p. 14, et Faw, *Rech. sur les Américains*, t. II, p. 2, note, éd. de 1774.

(2) Henri III avait vingt petits chiens spaignieulx, dont la nourriture coûtait XII d. par jour.

pérer à la requête de leur gracieuse souveraine : nous voyons, en effet, plus loin que cette princesse fit mener d'Arras au duc d'Iorch, au Neuchastel, en Normendie, XIII de ces chiens courans.

La principale meute du duc se trouvait à Fampoux, près Arras, car, en 1426, Philippe-le-Bon y faisait mener de Douai « le grant lévrier » que le sieur de Lille-Adam lui avait donné, et « la grant lévrière blanche, » don de feu mess. Andry de Valois. Il y faisait aussi conduire de Lille tous ses autres lévriers.

Dès le XVe siècle, les bains de mer passaient pour un remède souverain contre la rage. Nous voyons, en effet, que XXXII s. sont payés (1440) à celui qui mène *baignier en la mer* le fils du maître de la chambre aux deniers du duc, *pour ce qu'il avoit esté mord d'un mais chien.*

Les chiens qui avaient éprouvé le même accident, y étaient aussi conduits; car nous lisons que Pieret du Gardin reçut XLVIII s., pour son sallaire *d'avoir mené* XXIIII *chiens de l'ostel de la duchesse de Bourgogne tous baignier en ladicte mer, pour ce qu'ilz avoient aussi esté mors d'un mais* (mauvais) *chien, et yceulx ramener en l'ostel de madicte dame*, en ce comprins la despence des dis chiens.

En 1420, le collier du grand lévrier du duc coûte XII s.; alors que ceux des autres lévriers reviennent à IIII s. chacun. Ils étaient toujours aux armes du prince. Ainsi, en 1451, Guillaume Breton, *sainturier*, à Dijon, livre, moyennant VII fr. III s. IIII d. XIII colliers de lévriers armoyez aux armes de MS. En 1441, huit douzaines de grans coliers, armoiez des armes et devises de MS., pour ses grands lévriers, coûtent XXXII fr. En 1444, Jehan Thouraine, faiseur de trompes (1), à Brouxelles, demande XXVIII l. XVI s., pour la vendue et délivrance de huit douzaines de coliers de cuir, *garniz de clouz, blouques, thouretz, petittes chaynnettes*

(1) En 1438, V trompes de veneur coûtent CVIII s.; huit autres, XVIII l.

de fer, et, ou milieu, ung grant escucon de cuivre, armoyé des armes et devises, et de plusieurs autres ouvraiges de son mestier.

La livrée des veneurs était des plus riches, car nous remarquons que le brodeur bruxellois, Berthélemieux de Bleyswyt, exigeait (1444) XXIIII l. XIIII s., *pour avoir brodé et fait trois fuzilz et deux couples de laisses de chiens, aux devises de MS., sur les manches de vint six robes, destinées aux varlets de la vénerie, y compris cresée et aultres estoffes pour faire lesdiz fuzilz et ouples de chiens, plains de flambes*, à raison de XIX s. chaque robe.

De son côté, le cousturier, Gilles Madonz, recevait XV l., pour la façon de trente robes de drap de laynne gris, doublées de blanchet, *à ploiz embridez*.

En 1453, la vénerie du duc, ayant alors pour maître veneur Garin de Brimeu, écuyer, et composée d'un chapelain (1) et de seize varlets de chiens, coûte annuellement II^{m} II^{c} IIII^{xx} XIII l. IIII s. VI d.

Ce compte nous fait connaître que Philippe le-Bon avait alors 45 lévriers, y compris les cinq du chapelain, et 60 chiens courans (2).

Nous y voyons aussi que le veneur, qui avait à entretenir huit oiseaux et deux chiens, recevait III^{c} fr. par an, y compris son entretien et celui de ses chevaux.

Quant au grand maître fauconnier, XIX^{c} IIII^{xx} fr. lui étaient alloués pour ses gages et ceux des fauconniers, *espriveteurs*, varlets de faulcons et de rivières (3).

---

(1) Les varlets des chiens courans et lévriers recevaient, d'ordinaire, XX s., *pour eulx confesser et ordonner aux Pasques.*

(2) La nourriture de chacun de ces chiens revenait à six deniers par jour.

(3) On parle de deux faulconniers qui ont passé treize jours *à rendre volant ung faulcon.*

Souvent les *ex-voto* venaient témoigner de la tendre piété des preux chevaliers envers la Mère de Dieu : tel le faucon d'argent, offert (1457) par MS. de Charolois à N.-D.-de-Grâce, près Bruxelles : fourni par l'orfèvre brugeois Jorys Hugues, il pesait III marcs VII onces XIIII estrelins, et coûta VI escus et demy, val. XXX l. VIII s, non compris VI lyons d'or, de IX fr., pour la façon dud. faucon et d'un escuchon esmaillié aux armes de MS., assiz aux piés dud. faulcon. Il fallut encore payer X s. au peintre Jehanin Hennekart, qui avait fait deux patrons de faulcons, et IIII s. pour la saiette de bois à mettre led. faulcon, estoupes et port jusqu'à Bruxelles.

Les seigneurs envoyaient quelquefois au duc des sangliers' etc. tout vivants. Ainsi, en 1458, Philippe-le-Bon faisait remettre IX l. XVI s. au serviteur de mess. Jehan de Fosseux, « pour sa payne et sallaire d'avoir amené le IIIe jour d'octobre, d'Amiens à St.-Omer, ung sanglier, une leé et IIII couchons, que sondict maistre envoyait à MDS. »

L'année suivante, les varlets de lévriers du prince obtiennent XXIIII s., « quant yls luy apportèrent en sa ville de St.-Omer, devant luy, ung leu tout vif, qu'il fist chasser à force de lévriers es jardins de saint Bertin, audict lieu. »

Pour la chasse au sanglier, on se servait alors de lévriers ; car, en 1441, nous voyons figurer parmi les dépenses, d'abord, VI fr. III gros, *pour trente aulnes de fustaine, pour faire et couvrir six jaques à armer six des lévriers de MS., pour chasser aux sanglers ;* XXIII gros III blans, *pour dix-neuf aulnes de grosse toille pour doubler lesdiz jacques ;* XVI gros VIII *niquez, pour cinquante livres d'estoupes, pour mettre dedens les dictes jaques pour yceulx fournir et emplir*, à raison de IIII *engroignes* chaque livre, et I gros *pour cordes à lassier lesdiz jacques sur le doz*, et, enfin, IIII fr, demy pour la façon de ces jacques.

Chaque année, *le jour de l'Ascension*, les compaignons de la véneryе de Brabant venaient chasser un cerf devant le prince, puisque, en 1445, LXXVI s. leur sont accordés, *quant ylz vinrent chassier ung cherf devant MS. de Charroloiz, le jour de l'Assension, ainsi qu'ils ont accoustumé.*

En 1467, les seize *braconniers* de MS., au pays de Brabant, reçoivent x l., *lorsqu'ils lui apportent, à Bruxelles, au mois de juillet, le premier cerf froyé de l'année, comme il est accoutumé* (1).

Maintenant que nos lecteurs connaissent les divers officiers de la vénerie du magnifique duc de Bourgogne, empruntons aux nombreux registres du xve siècle de précieux documents relatifs à celles de ces chasses, vraiment royales, qui eurent lieu en Picardie.

Curieux de juger par lui-même de la magnificence déployée dans ces circonstances par le puissant comte de St.-Pol, Philippe-le-Bon profitait de son passage à Lucheux (1422) pour se livrer aux plaisirs de ce noble déduit. Le comptable nous apprend, en effet, que, par ordre de MS., il a remis IIII escus d'or, de VI fr. demy, « aux veneurs et varlez de vénerie de Lucheu, que MDS. estant audict lieu, leur a donné, pour et en contemplacion de MS. le comte de Saint-Pol, et pour considéracion des peines et travaulx que ylz avoient eu et soustenu, *pour faire veoir et monstrer à MDS. le déduit de la chasse des bestes rouges et noires, estant dans la forest d'ilec.*» (2).

Puis il porte encore en dépense, et un escu, de XXVI s., accordé aux portiers du chastel de Luchueux ou quel MDS. avoit esté logiez, à son retour d'Amiens, et un mouton d'or, de XVII s. IIII d. parisis, donné *au plommier* (plombier) *dudict chastel, pour son vin de lui avoir monstré les ouvrages d'icellui chastel.*

En 1425, de grandes chasses eurent lieu dans la forêt de

---

(1) En 1444, les petits chevaux de chasse du duc sont mentionnés.

(2) En 1517, Marguerite d'Autriche permettait à Guillaume de Gilley de chasser et faire chasser en tous ses bois et forestz de Bourgongne, etc., à la grosse beste, rousses et noyres, *à hayes*, et à toutes aultres manières de chasses ; saulf *à la couleuvrine*, *à l'arbalestre et aux cordes à pied.*

Hesdin, durant le séjour du duc et de la duchesse de Bedford; car Jacques de Harchies, écuyer du duc, reconnait que XXIIII l. lui ont été comptées par commandement de MS., pour être venu à Hesdin, *à tout* LXXII *de ses chiens*, à l'assemblée « qui y a esté de MDS., MS. le régent et de Madame la régente, sa sœur. »

Il est bon d'observer que les frais de voyage de ces LXXII chiens s'élevèrent à XVI l. (1).

L'année suivante, XLIIII l. sont allouées pour les despens de bouche des veneurs, varlets et compaignons de la vénerie qui, de Gand, avaient amené à Hesdin pluseurs lévriers, chiens courants et chiens de chasse, *afin que MS. peut prendre son déduit, durant le temps qu'il fist son pélerinaige à Nostre-Dame de Boulongne-sur la-Mer.* (Y compris les despens des dischiens).

En 1428, le comptable déclare qu'il a payé IX^{XX} XVIII l. X s. VI d., pour acquitter la dépense faite par le prince « depuis le XXII novembre, qu'il souppa à Douval, (2) en Pontieu, jusqu'au XXIIII du même mois, qu'il séjourna à Abbeville, où il dîna le lendemain, où sont III jours entiers, que MDS. a chacé en la forest de Crécy et autres bois, en ce non comprins les gaiges de chevaulx des gens et offices de son hôtel. (3).

De son côté, Pierre de Bequignies, lieutenant du châtelain d'Hesdin, recevait XIII l. XVI s., « pour et en récompencation de certaine dépense de chiens et de pluiseurs frais et dépens qu'il lui avoit convenu faire et soustenir, à cause des assamblées pour le fait de la chasse que ycellui S. a fait autour d'Abeville, en Pontieu, derainement qu'il y a esté. »

---

(1) 1425. *A pluseurs jeusnes filles de la ville de Hesdin, que, es festes de Pasques derrain passé, MDS. leur donna pour leur vin, et pour soy racheter, en passant par devant leur royne, que par esbatement faicte avoient,* XXIII s.

(2) Domvast.

(3) Saint Riquier se retira en ung lieu, en le forest de Cressy, *qui est apelet le forest Monstruel, à* V *lieues près de Centulle.* (MS. n° 16, XVe siècle, de la bibl. de Lille, fol. V° LXVI r°).

VI.

Le Renard. — Steeple-chase au ballon (1).

Comment se fait-il qu'en France, le pays de la vénerie par excellence, la terre maternelle de cette science et qui a donné aux anglais les premiers chiens capables chez eux de prendre un cerf, les amis de la chasse un peu large aient tant de peine à se grouper et à s'entendre pour jouir d'un plaisir commun ?

Il n'est pas donné à tous les départements, surtout dans les parties aujourd'hui nues des Gaules grelottantes d'avoir des cerfs ou des sangliers ; les loups ont disparu ; mais partout il est facile de se procurer des renards.

Un renard peut occuper cinquante chasseurs d'une manière moins compliquée, mais aussi vive, qu'un cerf. Nous avons donné à nos voisins les anglais leurs premiers chiens ; ils nous ont rendu les leurs ; pourquoi ne leur emprunterions nous pas aussi quelques uns de leurs modes de chasse ?

La poursuite d'un renard est-elle véritablement une chasse en tant que l'on considère la chasse comme un art ? Qu'importe si elle est occasion de réunion, d'animation, de mouvement, de joyeuses fanfares et — pourquoi ne le dirions-nous pas — de beaux costumes ? Les puritains partout sont ennemis des arts, et je ne sais rien de plus détestable que les quakers de la chasse.

---

(1) Je demande pardon pour ce mot qui littéralement signifierait chasse au clocher au ballon.

Un renard, même dépaysé, n'est pas toujours pris à coup sûr lorsqu'il est lâché une demie heure avant les chiens. Des marécages peuvent s'interposer, autour des quels il faudra quelquefois requêter longtemps et qui permettront encore à la science de s'exercer. La pire chance est que l'animal trouve, en traversant un bois, à se jeter dans un terrier, circonstance qui démonterait la poursuite la plus rapide, mais il n'y a pas de science qui tienne contre cet accident.

Deux fois je vis un renard échapper aux chiens par suite de l'une ou de l'autre de ces mésaventures.

Les deux fois l'animal avait été lâché près d'Abbeville au haut de la côte de la Justice; les deux fois trente cinq chiens, — ceux de M. de Louvencourt et de M. Dufossé, — avaient été découplés sur la voie quelques instants après. Rien n'était beau comme le départ des chiens, leur bruit, leur ardeur, leur course sans hésitation, sans déviation, et cependant chaque fois le renard trompa leur gueule et leurs jarrets.

Dans notre première tentative, nous n'avions découplé qu'une bonne demie heure après la fuite du renard. Le renard échappé du tonneau, sa prison, était parti en ligne droite, avait traversé la route d'Hesdin, s'était rapproché du bois Boullon sans y entrer, avait fait dans la plaine un crochet jusqu'aux haies de Drucat, était redescendu vers Caux où il avait passé la petite rivière du Scardon, était entré dans le parc de M. de Freitag coupé par les canaux de la rivière, en était sorti par un leste bond au-dessus d'une palissade, était remonté au bois d'Ofiuicourt qu'il avait traversé, était redescendu enfin dans les prés de Neufmoulin alors presqu'entièrement couverts d'eau où il repassait pour la troisième fois le Scardon. Les chiens n'avaient perdu quelques minutes que dans les jardins de M. de Freitag échancrés par des pièces d'eau, entourés de fossés, et plus malheureusement de palissades qu'ils ne pouvaient franchir comme le renard; mais, arrivés aux pâtures inondées, ils avaient complètement hésité, donné à droite à gauche et enfin renoncé. Vainement nous requêtâmes autour de ces pâtures, et plus haut, dans le bois de Caux et dans celui de St.-Riquier où nous supposions la bête remontée ; le renard avait profité de son avance et des inondations ; il put encore peupler de sa postérité les bois qui probablement lui donnèrent asile ce jour là.

Dans la seconde tentative nous découplâmes beaucoup plus vite après la sortie du renard. Malheureusement, apprîmes-nous plus tard, ce renard avait été pris dans quelque bois entre la forêt et Abbeville et connaissait le pays de ce côté. Il s'élança en ligne droite entre la route de Montreuil et celle d'Hesdin comme s'il voulait remonter par le chemin le plus court à la forêt de Crécy. Le temps nous servait à souhait, bon pour le nez des chiens et pour le pied des chevaux. La vitesse des trente cinq chiens était si grande qu'ils couraient en flèche, échelonnés suivant la vigueur de leurs jarrets. Ils avaient gagné assez sur le renard pour que des laboureurs dans les champs pussent voir d'un côté le renard fuyant et de l'autre les chiens se rapprochant. C'est ainsi qu'ils entrèrent, tenant la bête presqu'en vue, au bois de Beauvoir près de la Triquerie ; là le bruit tomba tout-à-coup; nous n'arrivâmes sur un immense terrier que pour assister au plus douloureux spectacle: les chiens silencieux, ou hurlant tristement, plongeaient leurs têtes dans les bouches du terrier ; le renard avait trouvé son salut dans sa connaissance trop grande du pays.

Ce que nous avions vainement tenté avec des renards prisonniers, nous l'obtînmes cependant un jour sans que notre paresse nous permît d'assister au dénouement. Nous chassions en forêt; Alexandre, le piqueur de M. Dufossé, suivait ses chiens ; nous venions de fatiguer un peu nos chevaux après un chevreuil ; les chiens avaient mis bas un instant, et requêtaient, rafraîchis et reposés, sans démêler la voie froide. Ils repartent cependant. Convaincus qu'ils ont repris leur chevreuil et que l'animal serait obligé par les champs assez voisins de se rabattre sur nous, nous attendons. Les chiens s'éloignent toujours et leurs voix s'éteignent dans le lointain. Une demie heure après, Alexandre revenait; ses chiens avaient roulé et déchiré le renard au-delà du bois Grare au-dessus de la petite rivière de la Maie.

Dans notre Avertissement au lecteur nous parlions des associations de chasse qu'il serait avantageux de former et qui pourraient se donner la main sur tout un canton. N'y aurait-il pas quelque association plus vaste à combiner pour la chasse à courre? Nous avons encore dans tous nos départements des capitaines et des lieutenants de louveterie, et il n'y a plus de loups dans beaucoup. Dans la Somme, dans le Pas-de-Calais, dans le Nord, la rencontre d'un loup est un fait tellement exceptionnel qu'il passe pour fabuleux et que le récit d'un loup vu fait accuser les gens de crédulité ou de terreur superstitieuse. Pourquoi les chasseurs d'un arrondissement ne s'entendraient-ils pas pour entretenir à frais commun un équipage de chasse sous la direction de l'un d'eux? La nomination par le choix des pairs à la capitainerie des chasses d'un arrondissement finirait par être recherchée pour le plaisir et pour l'honneur. Les louvetiers de bonne volonté pourraient être acclamés immédiatement chefs des associations, et leur dignité officielle ne nuirait en rien à l'autorité nouvelle qui leur serait dévolue: tout commandement doit imposer des égards.

« Les anglais libres sont les premiers gentlemen du monde, » s'écriait dernièrement le *Times*, et le journal anglais donnait pour première raison de cette supériorité le goût des courses de chevaux répandu dans toutes les classes de la société anglaise et le goût des chasses au renard. Ne laissons pas aux Anglais ce semblant de raison et ce semblant de supériorité.

Ce qui va suivre maintenant sortira un peu, suivant quelques uns, de la gravité de ce livre; notre récit mettra en action cependant une idée de *Sport*, une idée à réjouir le *Times*, et que, ne repousseraient peut-être pas comme indigne d'eux les *gentle-*

men coureurs de renards. Qu'on se rappelle l'origine des steeple-chases en Angleterre. Des cavaliers au retour d'une chasse prenaient pour but la flèche d'une église, l'aile d'un moulin, le toit d'un château, et partaient. Notre récit apportera un but nouveau, l'imprévu, dans les courses; le moyen d'équilibrer jusqu'à un certain point les chances, non par des poids variables, mais par des hasards et par les ressources morales du cavalier. En offrant ce but aux coureurs on rendrait de nouveau possibles les steeple-chase de gentlemen et les steeple-chase militaires, mais, prudence ! Ne grossissons pas tant au départ l'importance de notre proposition.

Je raconte.

Le 31 août de l'année 1851 étaient un dimanche; les habitants de la grosse ville d'Abbeville où les badauds sont en nombre s'entassaient dans cette partie intérieure des remparts qu'on appelle le Plantis Méricourt du nom d'un ancien maïeur. Godart, l'aéronaute, devait s'enlever dans son ballon, *la ville des Batignolles*; un jeune homme, M. Albert de Chauvenet partait avec lui.

En dehors de la porte Marcadé une jument baie, tenue en main, secouait la tête avec quelque impatience. Le cavalier qu'attendait cette jument, attendait lui-même à quelques pas de là dans l'enceinte du Plantis Méricourt le départ du ballon. Nous ne nommerons pas le cavalier, mais la bête avait nom Jeannette.

Pendant que M. A. de Chauvenet prenait place dans la nacelle des *Batignolles* et faisait ranger autour de lui dans l'étroit panier d'osier les commodités et les précautions du voyage, une chaise, un pâté, deux verres, deux bouteilles de vin de champagne, le cavalier interrogeait avec une intense curiosité la direction du vent; il en voulait à ce vent qui ne portait pas vers la mer distante à peine, à vol d'oiseau ou de ballon, de cinq lieues; non qu'on pût reconnaître en lui les traits d'un anglais féroce comme en créa Sue, affamé d'accidents terribles, de chutes icariennes, de spectacles d'hommes luttant contre l'air et contre les flots ; s'il était blond comme un homme du Nord, il avait les yeux bruns du Midi, et sa physionomie ne pouvait le faire suspecter d'aucune férocité. Au moment où les cordes tendues aux bras des hommes qui retenaient le ballon allaient suivre dans l'air le mot *lâchez tout*, il s'en vint cordialement serrer la main du compagnon de Godart, et cet acte excluait encore toute idée de perfidie; il en voulait cependant bien, malgré tout, au vent.

Le ballon s'enleva, A. de Chauvenet salua le public ; et le cavalier, après s'être assuré de la direction du ballon, s'élança hors de l'enceinte, disparut sous la porte Marcadé et enfourcha son cheval.

Lorsqu'il fut en selle le ballon était dans les nuages.

Cependant le cavalier qui l'avait vu se diriger au-dessus des rues vers le Sud, rentra dans la ville, la traversa à un trot modéré pour ne pas attirer les regards de la foule debout sur les places, dans les rues, sur le seuil des maisons, nez en l'air, bouches béantes, lèvres pendantes, et, sur le signe des girouettes, gagna la porte St.-Gilles opposée à la porte Marcadé. Là, il mit violemment son cheval au trot et dévora le pavé jusqu'au haut du faubourg ; mieux placé alors pour interroger le ciel, il s'arrêta. Les nuages assez épais, mais dispersés et cardés en flocons blancs et mamelonnés couraient les uns après les autres, se tenaient par de longs filets gris, mais aussi laissaient entr'eux des intervalles d'un bleu foncé qui semblaient çà et là des lacs d'outremer au milieu d'un pays de montagnes blanches à perspectives dorées (il était alors près de six heures du soir). Le ballon, sortant d'une vallée des nuages, parut tout à coup dans un des intervalles bleus ; il se dirigeait vers le village de Pont-de-Remy distant de deux lieues. Jeannette prit le galop. Le ballon voyageait avec les nuages, flottant toujours dans son lac d'outremer.

Au moment où le cavalier traversait Eaucourt, le dernier village avant Pont-de-Remy, *la ville des Batignolles* disparut cependant de nouveau derrière une montagne de nuages.

Jeannette, comprenant l'impatience de son maître, poursuivait toujours sa course, assise quoiqu'à un bon train, comme si elle avait voulu elle-même regarder le ballon en l'air. Hourra! se disait le cavalier, pensant à la ballade de Lénore.

A Pont-de-Remy plus grand embarras; la route tourne un peu dans ce village et se jette à droite pour gravir une côte au-dessous du Camp romain de Duncq. Le ballon fuyait encore caché par les nuages. Le cavalier, interrogeant vainement le ciel, avait mis Jeannette au pas. Devait-il renoncer déjà à la poursuite? Des enfants dont les yeux s'écarquillaient, fixement tournés vers le ciel du côté du marais de la commune, attirèrent à quelques pas son attention.

— Qu'est-ce que vous regardez là, leur dit-il?

— Un grand cerf-volant, monsieur.

Le cavalier regarda dans la direction qu'indiquait l'air étonné des enfants. Il avait retrouvé *les Batignolles* qu'il ne pensait pas à chercher de ce côté. Une vieille femme passait alors près des enfants: — Voyez-vous cette boule là bas, lui demanda-t-il? Sur quel pays est-elle?

— Ah! mon Dieu! qu'est-ce que c'est que ça?

— C'est un ballon, ma brave femme, et il y a du monde dedans, mais je vous demande sur quel village ce ballon se dirige.

— Sur Fontaine, monsieur.

— Quel est le plus court chemin d'ici à Fontaine?

— Monsieur, il faudrait traverser le marais, mais avec votre cheval....

— Y a-t-il un chemin de Pont-de-Remy à Fontaine dans ce marais?

— Oui, Monsieur.

— Bon?

— Comme çà; les vaches y passent, mais il y a des trous et des barrières.

— Où le prend-on?

— A votre gauche, à quinze pas.

— Merci, madame.

Et le cavalier, remettant Jeannette au galop, s'élança dans le marais.

Le ballon alors, grossissant à l'œil, descendait visiblement. Il courait maintenant plus bas que les nuages et paraissait vouloir prendre terre sur la côte au-delà du marais, à environ six kilomètres de Pont-de-Remy. Jeannette galopait dans le marais sur un gazon doux et le cavalier, les yeux au ballon qui se rapprochait de la terre, continuait à se chanter intérieurement le refrain de la ballade de Lénore avec une gaie variante dans le ton et dans les mots; il se sentait très vivant et n'avait rien de commun avec les morts de Burger. Il arriva ainsi à Fontaine, n'ayant été obligé de mettre pied à terre qu'une fois pour ouvrir une grande barrière près du village.

A Fontaine comme à Pont-de-Remy le ballon avait disparu :

— N'avez-vous pas vu un ballon, une grande boule en l'air, demandait le cavalier, tout en courant dans la grande rue du village ?

— Oui, monsieur. Il n'y a pas un quart d'heure qu'il est passé.

— Etait-il bien haut ?

— Non, monsieur, et il y avait dedans deux farceurs qui nous jetaient des graviers dans les yeux.

— Mauvais signe, pensa le cavalier ! Et tout haut : — de quel côté se dirigeait-il ?

Au-dessus de Vieulaines.

— Allons, allons, bonne bête, dit le cavalier à sa jument, et en lui-même il se répéta encore, mais plus soucieusement, le hourra du poète Allemand.

A Vieulaines il trouva tout le village en révolution. Le 31 août était, nous l'avons dit, un dimanche; pour ce hameau c'était le rebond de la fête patronale, l'Assomption de la Vierge. On dansait sur la place ou plutôt on ne dansait plus. Les filles, les femmes seules jacassaient près de la table des violons. On avait vu passer dans l'air une machine étrange emportant dans un panier deux hommes qui semblaient dérouler des cordes et dont on avait cru distinguer les voix. Plus loin, et en dehors du village, le cavalier vit se précipiter des côteaux, dominant la route à droite, tous les galans du pays qui avaient suivi dans les champs la course de la fabuleuse machine. Leur loquacité allait au-devant des questions: le ballon avait failli, suivant leur rapport, descendre près d'un petit bois; leurs mains saisissaient déjà les cordes, lorsque, comme les habitants de Fontaine, ils n'avaient été récompensés de leur empressement que par quelques poignées de sable, procédé que les plus fins ne s'expliquaient pas.

Le cavalier ne marchait plus que sur des renseignements ; le soleil baissait et allait toucher la terre. Jeannette ne faiblissait pas, mais la confiance abandonnait l'homme ; il arriva ainsi à Longpré.

A quelques pas du village un chemin se détache de la route et monte à peu près dans la direction de l'église. Le cavalier prit ce chemin. Un homme arrêté vers le haut regardait attentivement dans l'espace vers la ligne de l'horizon. Le cavalier s'arrêta derrière lui et regarda. Il revit alors pour la dernière fois son ballon qui brillait à une grande distance aux derniers rayons du soleil et semblait près de disparaître derrière les collines de la rive droite de l'Airaines, un des plus jolis ruisseaux du département.

— A quelle distance croyez-vous que soit déjà ce ballon, demanda notre cavalier à l'homme arrêté ?

— Il doit être bien près d'Amiens s'il n'y est déjà.

Le cavalier se le tint pour dit ; il n'avait fait que la moitié de la course à fournir jusqu'à la chute du ballon. Il gagna la meilleure auberge du pays *Au rendez vous des chasseurs*, fit donner un peu d'avoine à son cheval et revint à Abbeville, vaincu dans sa tentative, mais rapportant les premières nouvelles des voyageurs et du lieu où vraisemblablement ils devaient descendre.

Si le vent avait porté vers la mer, ou même dans toute autre direction que celle d'Amiens, il est évident que Jeannette et son maître en fussent venus à leur honneur et eussent assisté, sinon à la chute, au moins au dégonfl ment du ballon. Les aéronautes avaient eu effectivement l'intention de descendre entre Fontaine et Vieulaines en vue du cavalier qui traversait alors les marais de Pont-de-Remy; le vent qui, en les emportant le long du du chemin de fer, les rapprochait d'Amiens et leur promettait un meilleur gîte que les villages intermédiaires les engagea à poursuivre leur route jusqu'à la fin du jour. Ils étaient descendus ainsi à Bacouel à deux ou trois lieues d'Amiens.

Pourquoi maintenant dans les fêtes publiques, — nous tirons les conséquences de notre récit, — toutes les fois qu'un ballon est lancé, un de ces steeple-chases, dont nous voulons donner l'idée et dans lesquels l'imprévu offrirait à la décision et à la hardiesse vingt occasions de se manifester, ne serait-il pas improvisé par les habitants ou organisé par les administrations municipales?

Sur un hippodrôme préparé d'avance, tous les obstacles peuvent être étudiés, tous doivent être sautés; dans le steeple-chase libre comme nous nous le représentons, les obstacles inconnus d'avance ne seraient pas obligatoirement franchis à points fixes; les cavaliers mêmes pourraient mettre pied à terre à volonté, ainsi qu'il se pratique dans les chasses au renard en Angleterre. Le vent qui change chaque jour, à chaque heure, et qui varie aux différentes hauteurs de l'atmosphère, se chargerait d'assurer le secret de la direction. La règle dans la poursuite serait l'absence de toute convention, mais l'esprit des coureurs jouirait comme dans une chasse parce qu'il aurait à chaque instant à étudier le ciel et le terrain, à choisir, à s'exercer enfin,

VII.

La Garenne de St.-Quentin.

— Posez sur une table de marbre, au coin de votre chevet, à la hauteur de votre oreille gauche, un de ces stridents tournebroches que les horlogers vendent sous le nom de réveil-matin; sonnez votre domestique s'il a le sommeil meilleur que vous ; chaussez des bas de laine, un pantalon en forme de caleçon serré à la cheville et par dessus tout cela des bottes qui vous montent à la hanche.

— Où diable ! en voulez-vous venir, mon ami, dans ce langage homérique? Je suis sûr que vous stylerez un jour François à m'éveiller sur le ton d'Agamemnon :

> Oui, c'est François, monsieur, François qui vous éveille,
> Reconnaissez la voix qui frappe votre oreille.

A quoi je serai forcé de répondre infailliblement :

> C'est vous-même François.

Un dialogue tragique !

— A quatre heures et demie du matin.

— Ne le disais-je pas bien? Les poëtes les plus tragiques n'ont jamais inventé rien de si épouvantable.

— Surtout n'oubliez pas de faire attacher deux boutons sur

les coutures de votre pantalon, à six pouces au-dessous de la ceinture, pour soutenir vos bottes.

— Eh ! mon cher, qu'ai-je affaire de vos entonnoirs de cuir ? Vous savez que je n'ai pas été six fois dans ma vie au marais, et je ne tiens pas à y retourner demain par le vent d'ouest qui souffle ce soir.

— Nous n'allons pas au marais.

— Ah ! ah ! les phoques vous nageraient en tête par hasard ? Me proposeriez-vous de faire voile à leur rencontre ? Mais grand merci ! ce n'est plus la saison, et je m'en tiens à mon succès. Bon voyage !

— Il ne s'agit pas de phoques, incorrigible bricoleur.

— J'y suis ; vous m'engagez à poursuivre la loutre, cet hippopotame de nos ruisseaux ; je vous avertis que je ne crois pas aux loutres.

— Insupportable batteur d'estrade, laissez là vos phoques, vos loutres et vos rats d'eau ; nous allons à la garenne de St.-Quentin.

— Qu'est-ce qu'il y a dans cette garenne ?

— Je vous passe cette question ; vous ne savez pas l'allemand.

— Que voulez-vous dire ?

— Ouvrez le premier lexique venu et recourez à l'étymologie.

— Puriste ! Les Allemands ne m'inspirent aucune confiance, et tous les faiseurs de dictionnaires sont un peu allemands.

— Je vous apprendrai donc, puisque vous feignez de ne pas le savoir, qu'on trouve dans notre garenne des lapins sur les dunes et dans les plaines, des lièvres quelquefois sur la lisière, des perdreaux dans les épines, des canards et des bécassines dans les parties marécageuses.

— Peuh !

— Vous ne venez pas ?

— Non.

Mais tout à coup je me ravisai. J'avais entendu parler — après Henri Heine — de l'Ile des lapins située sous une latitude inconnue ; l'idée me vint de rendre, entre mon lever et mon coucher, un service éminent à la science géographique en ajoutant un chapitre à l'histoire des voyageurs fameux. Strabon, ni Polybe, ni même Antonin dans son Itinéraire n'ont reconnu l'île des lapins, me dis je ; mais des navigateurs moins anciens, et par conséquent plus dignes de foi que ces savants grecs ou latins, l'ont visitée en personnes. L'île des lapins existe ; rien ne lui manque jusqu'à présent qu'une place déterminée sur la carte. A moi peut-être est réservé l'honneur de mesurer le premier la hauteur et la largeur de cette grande Bretagne de la race lapine.

Et d'abord, continuai-je à part moi tandis que mon ami m'accusait en lui-même de rimer une élégie, et d'abord il est avéré que la mer couvrit autrefois une grande partie du Marquenterre ; la garenne de St.-Quentin formant l'extrémité ouest de ce canton en lutte éternelle contre la mer, — suivons bien notre propre raisonnement,— de la mer, dis-je, qui entrait dans les terres par l'embouchure de la Maie — *Maia* — et se rendait par les étangs de Rue et du Gard à l'embouchure de l'Authie, — *Althia* — nul doute, — établissons-nous, — qu'entre les deux embouchures de la Maie et de l'Authie il n'y ait eu autrefois une île ; cette île, selon toutes les probabilités, n'est autre que l'île des lapins ; ce raisonnement fait pâlir la lumière du jour ; et bien plus, poursuivis-je avec cette conviction croissante qui trouve des preuves partout, Virgile n'a écrit que pour les habitants fourrés de la garenne de St.-Quentin, ce vers dont abusent les savants, ceux qui n'ont qu'une douzaine de spondées et de dactyles dans leur sac, mais qui les utilisent comme la note de Bilboquet :

Et penitùs toto divisos orbe Britannos.

Et voilà, concluai-je en secouant la tête avec vanité, comment procèdent les antiquaires quand ils s'y mettent !

— J'irai certainement, repris-je d'un ton brusque et haut en me tournant vers mon ami, qui fit un bond au timbre décidé de ma voix et que ne surprit pas moins l'air de résolution répandu sur ma figure ; j'irai certainement et j'emporterai ma bonne boussole, compagne oubliée depuis que la forêt de Crécy n'a plus de secrets pour moi.

Mon ami, peu rassuré devant mon exaltation subite, hasarda quelques craintives observations : une boussole était parfaitement inutile dans la garenne, insinuait-il ; d'ailleurs on me donnerait, suivant l'usage, un homme pour porter le gibier tué et pour me servir de guide.

— Je serai l'Améric Vespuce de cette île que des Christophe Colomb sans intelligence et dûment oubliés ont négligé de marquer sur les cartes, répliquai-je avec un geste qui dut être beau ; car, tout en parlant comme on le devine, je me démenais et marchais à grands pas sans rien entendre. A vrai dire, je n'ai jamais bien pu savoir ce que pensa, ce soir-là, de mes *a parte* dramatiques, l'ami qui me proposait quelques coups de fusil à tirer.

Le lendemain je roulais, moi troisième, dans une berline de louage qui nous déposa à St.-Quentin chez le garde Belloy.

Sans que mes compagnons de voyage en soupçonnassent rien, la route avait été pleine pour moi de préoccupations, d'inquiétudes et de terreurs.

Je m'étais préparé pendant toute la nuit à un évènement grave, à une apparition terrible. L'entrevue ne devait pas être à coup sûr moins intéressante que celle de Pâris et des trois déesses sur le mont Æta, mais les bénéfices ne se présentaient que bien différents à ma pensée ; la science seule pouvait les recueillir.

La science doit nous savoir bien grand gré du peu que nous faisons pour elle ; c'est une maîtresse sans aucune grâce, et, si peu que nous lui donnions, elle est toujours en reste avec nous. Je le déclare à tous les nez qui prennent du tabac ou qui, plus hypocrites, méritent d'en prendre.

Aux ignorants que j'estime gens honorables malgré les

grands yeux hébétés que cette réhabilitation sous ma plume leur fait ouvrir, il faut cependant une explication.

L'île des lapins, suivant les rapports les plus concordants, est une terre déserte et inculte, si l'on peut appeler terre un sol toujours variable de sable volant.

Le vent creuse des vallées dans ce sable et amoncelle à l'entour des chaînes de collines qu'il déplace à chaque instant. Un jour la montagne descend dans la vallée, et le lendemain la vallée devient montagne. Il ne pousse dans les vallées que de maigres épines, et des herbes rares appelées *oyas* sur les montagnes.

Ces montagnes et ces vallées sont minées par des rues souterraines ou se refugie dans les jours de mauvais temps la grande nation des lapins.

Quand il fait beau, la ville souterraine est déserte ; les jeunes lapins se livrent à tous les jeux de leur âge sur les collines exposées au soleil ; les lapins plus graves font la sieste sous les épines et les *oyas*, et goûtent, les yeux ouverts, les douceurs de la vie contemplative, à la façon des orientaux.

— Voilà certes, s'écrie un impatient, une peinture qui n'a rien d'effrayant et que l'imagination douce du clément Fénélon eut pu transporter dans sa Bétique.

Attendez. A l'endroit le plus reculé de ces sables, derrière des monticules qui défient le pied de l'homme par leur mobilité, le dieu Jupiter lui-même, dépossédé de l'Olympe, est venu cacher sa majesté déchue.

— Le dieu Jupiter ! vous dormiez debout quand vous inventâtes ce conte.

— Tous les voyageurs qui ont visité l'île des lapins vous affirmeront que je ne brode pas d'une syllabe. Tous n'ont pas vu le dieu, mais tous ont aperçu au moins son aigle dépouillé de plumes par l'âge. Henri Heine plus heureux a vu le dieu lui-même et lui a parlé en grec.

— Est-il possible ?

— Lisez les *Dieux en exil*.

J'abandonne ici mon ami à son ignorance et me transporte en souvenir aux abords de la garenne de St.-Quentin. L'aspect du lieu concordait parfaitement avec les plus authentiques descriptions de l'île des lapins. On n'eut trouvé à discuter un peu que sur la latitude ; les voyageurs les plus véridiques placent cette île au pôle arctique, mais ne peuvent-ils s'être trompés de quelques degrés ? Quant aux autres points, l'évidence coupait court au doute. L'île des lapins, disent les voyageurs qui viennent de loin, est déserte et inculte ; ainsi se présentait à moi la garenne au premier coup d'œil qu'un second ne démentait pas. « Des sables mouvants se promènent au caprice brutal des vents du nord, poursuivent les relations. » Quoiqu'un soleil doux favorisât mon entreprise de découvertes et que le vent laissât les sables tranquilles, les monticules sablonneux étaient là, les grandes dunes mobiles s'élevaient plus loin. « De chétives tiges de genets, ajoutent les voyageurs, couvrent seules le sol. » Dans les parties basses et humides entre les *craus*, de maigres épines serrées les unes contre les autres se hérissaient au-dessus de grosses herbes ; c'étaient bien là les arbustres nains, rampant sur le sol stérile de l'île des lapins. Quant aux lapins eux-mêmes on ne pouvait nier qu'ils ne peuplassent bien réellement le pays que j'allais battre. Le sable était partout percé par les portes de leurs villes souterraines ; les flancs des moindres monticules offraient les ouvertures rondes de plusieurs *tunnels;* les pieds enfonçaient à chaque pas dans des mines habitées. On racontait que cette garenne était partagée et louée pour la chasse en trois lots de six cents à neuf cents hectares chacun (1) et que, dans les premiers jours de la saison des coups de fusil, un tireur ordinaire pouvait facilement tuer quatre douzaines de lapins et quelquefois plus en quatre ou cinq heures. Nous étions alors

---

(1) Voir les *Notices historiques, topographiques et archéologiques sur l'arrondisssement d'Abbeville*, t. II, p. 223.

au mois de décembre et nous pouvions encore compter sur une douzaine ou deux.

J'avançais dans les *plaines* entre les épines ; je contemplais curieusement ces dunes qui semblent de petites chaînes de montagnes et qui paraissent souvent, par une optique particulière, à deux ou trois cents pas de l'œil lorsque déjà on va les toucher du pied. Je les interrogeais avidement ; je les gravissais avec l'angoisse sainte d'un poète de la période Orphique abordant une cime de l'Olympe. J'oubliais les lapins et mon chien qui ne s'était jamais vu à pareille fête ; je cherchais le dieu Jupiter. Deux lapins partaient sous mes pieds d'une touffe d'oyas servant d'aigrette à un *crau*, (on appelle ainsi les hauts monticules de sable) ; j'en tuais un et mon chien courait après l'autre. En me précipitant sur la déclivité du *crau* pour ramasser moi-même mon lapin, je jetais les yeux avec crainte dans quelque renfoncement voisin, croyant voir se lever devant moi le dieu reconnu par Henri Heine : — S'il allait ne pas savoir le français, me disais-je dans ma seule préoccupation, comment l'aborderais-je, comment le saluer ? Et je me reprochais d'avoir si mal autrefois mordu à la langue des dieux et des déesses ; je ne me rappelais pour saluer le banni de l'Olympe que le premier vers de l'Iliade et les deux premiers vers d'Anacréon ; c'était peu.

Plus loin le sable s'écroulait sous mon pied, ouvrant en gouffre le vestibule étranglé de salles qui peut-être s'élargissaient en dessous. Je me baissais et prêtais l'oreille, espérant entendre maugréer et jurer le dieu dérangé dans sa retraite souterraine.

Dans les épines, les griffes d'un arbuste rabougri s'accrochaient aux basques de ma veste et je me retournais avec effroi.

Les autres chasseurs tiraient pendant ce temps-là en gens qui n'ont jamais ambitionné le commerce des dieux ; ils tiraient bien.

Un gros oiseau s'enleva à deux cents pas de moi ; mon cœur

battit : — C'est un aigle, me dit l'homme qui m'accompagnait et qui déjà portait dix lapins tués dans mes futiles distractions de chasseur : — Un aigle? et Jupiter, m'écriai-je! l'avez-vous jamais vu ?

Jupiter, monsieur, je l'ai enterré moi-même il y a huit jours.

— Comment ! enterré ?

— Oui, monsieur, un brave chien, allez ! M. de M...., qui l'avait fait dresser par moi, a été bien fâché le jour où il l'a frappé en travers en tirant un lapin dans les *épines brulées.*

Je n'en voulus pas entendre davantage et courus au *crau* d'où s'était enlevé l'aigle. La place était nue. Aucun dieu ne se dressa devant moi, mais je fus récompensé de mon ascension. Le crau formait la pointe la plus avancée de la garenne dans la mer; là est l'extrême arrondissement du cap de St.-Quentin. La mer haute se déroulait en longues lames plates sur le sable fin, étendu en plage douce au pied des dunes; elle resplendissait sous le soleil oblique de deux ou trois heures de relevée qui regardait la garenne du haut des falaises du Tréport. Du *crau* que je dominais comme une statue de la contemplation je voyais ces falaises du Tréport, la côte de Cayeux reconnaissable de jour au même phare qui l'éclaire la nuit, plus près la pointe du Hourdel où s'élevaient les mats des navires en relâche, et, plus à gauche, l'ouverture de la baie Somonienne qui me montrait, dans un renflement des rives, St.-Valery dont le port jalouse déjà celui du Hourdel. L'eau s'étendait partout dans cette baie et me faisait penser à Naples que je n'ai jamais vu et à l'heureuse mer de Sorrente qu'ont chantée les poètes. Quand je redescendis, j'avais un peu oublié le dieu de l'île des lapins. En revenant sur mes pas cependant je tuai encore huit habitants de la lapinière et ce hasard me fit le roi de la journée.

Les chasseurs de la garenne étaient alors fort jaloux du nombre de pièces tuées, légèrement fiers de leur adresse et quelque peu envieux des succès rivaux. L'ami qui m'avait amené revenait avec dix-sept lapins : — Combien, me cria-t-il ?

— Dix-huit.— Comment faites-vous donc pour les trouver, me dit-il avec un dépit mal déguisé ? Je ne lui répondis pas ; j'avais de bien plus hautes préoccupations. Ma contrariété remontait à la chute de Troie et à celle des dieux. Au bout d'un instant cependant : — Vous n'avez donc jamais rencontré Jupiter dans ce pays des lapins, lui dis-je ? — Quel Jupiter ? — Celui dont parle Henri Heine. — Mon ami, un peu brouillé avec la littérature, crut entendre le nom de Henry H..., un des bons chasseurs au chien d'arrêt de notre pays. — Je ne le connais pas, me dit-il ; H... ne m'en a jamais dit un mot.

De retour au logis, je relus avant de dormir *les Dieux en exil* pour me consoler des déconvenues de mon excursion.

VIII.

Les Marais. — L'ancienne Baie. — Le bable d'Ault.

Au moment où je veux écrire quelques lignes sur la chasse de nos marais, un chasseur jeune encore, mais fantasque et qui se croit à tort revenu des faiblesses humaines, entre chez moi et m'arrête : — Figurez-vous, me dit-il, un savant courbé sur un bureau, entouré de livres mornes comme des étangs de la science et tirant de ces in-folio des notes pour un grand ouvrage qui ne paraîtra jamais. Ce savant est l'image du chasseur au marais qui marche courbé, dépêtrant à grand'peine ses pieds des herbes fangeuses, ramassant çà et là de petites bêtes, comme le savant ses notes, pour grossir une carnassière attendue à la cuisine ; voilà mon opinion sur le chasseur au marais. La chasse au marais est une chasse de savant, de collectionneur, de collationneur, d'avoué en vacances ; voilà mon opinion sur le pataugeage lui-même. Les chasses à mouvement au contraire sont des chasses d'orateur, de poète, de général.

L'opinion de mon ami paraît trop commode à ma paresse pour que je ne la consigne pas ici comme jugement définitif sur la chasse au marais. Le lecteur, s'il ne partage pas cette opinion, trouvera son compte dans la brièveté d'un chapitre qui ne taquinera pas longtemps son sentiment intime.

— Si vous aviez vécu dans des temps plus anciens, crus-je cependant devoir objecter à mon ami, si vous aviez vécu quand M. de Pongerville, non encore de l'Académie, tuait quatre-vingt-seize bécassines dans le marais de Sailly-Bray et ne renonçait enfin que lorsque le plomb, non le gibier, lui manquait, peut-être seriez-vous plus indulgent pour cette chasse qu'il vous plaît de qualifier cruellement de pataugeage. Et mieux que cela, — nous autres faux savants nous avons la manie du passé, — s'il vous eut été donné de vivre aux époques déjà lointaines où les marais non desséchés, la baie de la Somme ouverte au flux de la mer, appelaient les émigrations des oiseaux du nord, je suis sûr que vous pardonneriez aux pauvres gens qui vont se mouiller les pieds pour gonfler leur carnassière. Dans ces temps de paradis aquatique les eaux de la Somme étaient quelquefois noires de gibier ; on ne comptait pas les volées d'oiseaux qui s'enlevaient des marais ; l'année 1740 est restée célèbre, continuai-je sans voir que mon ami feuilletait un volume des *Contemplations* nouvellement parues. L'historien Formentin nous raconte que dans l'hiver de cette année, hiver très froid, tous les oiseaux du nord quittèrent leurs pays pour venir sur les côtes du Ponthieu, du Vimeu et de la Normandie. Ils étaient en si grand nombre qu'ils couvraient non seulement la Somme et les marais, mais les campagnes ; on n'en connaissait plus les espèces tant elles étaient multipliées et variées. Les cygnes, abandonnant les canaux de la Hollande, s'abattirent chez nous, mais mal leur en prit, je vous assure, car on en tua plus d'un mille dans notre basse Somme. Tous les jours plus de six cents chasseurs sortaient d'Abbeville ; les pauvres subsistèrent en partie de leurs chasses. Je n'invente pas ; c'est Formentin qui parle. Il n'y a plus d'exemple, et bien pauvre, de cette profusion d'oiseaux que pendant quelques jours de décembre au hable d'Ault, lors de la chasse des bléries. Faites-vous inviter et allez au hable. On fait cette chasse en bâteau ; on rame sur le petit lac au-devant des oiseaux ; on fouille les anses, les petits recoins ; les foulques, tel est le vrai nom des bléries, s'enlèvent pesamment ; le tire est facile, les oiseaux pleuvent ; mon ami Victor de Pingré en a vu tuer un jour par deux bâteaux plus de cent ; il y a vingt ans, le massacre en un jour pouvait monter, dit-on, à six ou sept cents.

Mon ami, levant alors les yeux, me dit: Vous ne m'empécherez jamais de penser que la véritable chasse à tir est celle des hirondelles et des alouettes.

Sur ces mots je rompis la discussion avec mon ami, et, pour lui prouver lâchement quelque complicité d'opinion, je lui lus mon chapitre de la *Hutte*.

IX.

La Hutte.

Je m'arrête comme le scrupuleux Despréaux devant l'équivoque au moment de me compromettre dans une alliance de mots monstrueuse ; j'allais qualifier la chasse à la hutte d'exercice. Eh bien ! oui, réflexion faite, la chasse à la hutte est un exercice, mais un exercice philosophique ; elle exige à la fois l'immobilité des adorateurs de Wishnou et celle du lapon ; il faut avoir pour l'aimer le goût de la solitude comme saint Antoine, la passion de la nuit comme Yong, la misanthopie de J.-J Rousseau, ou il faut entretenir, si l'on est du monde et un peu bavard, les colloques d'Ossian avec les âmes qui voyagent dans les nuages; on doit aussi de toute nécessité porter en soi quelques caractères du ver, de la taupe ou du blaireau. Cette disposition au troglodytisme n'est pas d'ailleurs tout-à-fait contre nature; j'ai connu un enfant qui s'était fabriqué sur des abrégés d'histoire naturelle un idéal d'existence souterraine ; il mourait d'envie d'habiter un grand terrier à plusieurs chambres. Oh ! des griffes ! qui lui eut donné des griffes ? toutes ses confitures pour des griffes ! Les marmottes de la Savoie lui inspiraient une jalousie insurmontable.

Pour rapprocher un peu sa vie de la vie de ces animaux et pour répandre sur sa nostalgie du tuf une légère dose de la gaîté qu'offrait à son imagination l'existence enviée, il passait ses journées à se rouler sur le parquet dans de grandes nattes de paille ; on le voyait disposer en rouleaux, avec l'industrie d'un castor, tous les tapis et toutes les nattes qu'il trouvait sous sa main, et, quand il était parvenu à se glisser par une ouverture et à sortir par l'autre, il révait de se présenter comme architecte à la reine des Marmottes ou à l'empereur des Blaireaux. Il y a des gens qui gardent toute leur vie ces goûts souterrains: les ivrognes qui mettent leurs tonneaux en perce et les chasseurs à la hutte. L'étude de la physiologie comparée n'a pas encore mesuré la distance qui sépare les uns des autres tous ces différents êtres de la création, philosophes de la nuit souterraine, depuis la taupe jusqu'à l'ivrogne, depuis la marmotte qui dort sous la montagne, jusqu'au chasseur blotti sous la hutte, ni établi dans quelle proportion l'âme et l'animalité leur ont été départies. Les chasseurs à la hutte sont en outre, sauf quelques sobres exceptions, chasseurs à gourdes et à gobelets; j'entends par là que ce sont bons *beuveurs*, nullement dédaigneux des liqueurs dorées et poussant le délit jusqu'à la plus verte absinthe. J'ai eu la faiblesse de me laisser conduire pendant deux nuits de suite sous une hutte près du Hourdel ; je n'en ai, pour tout gibier, rapporté que le plus lugubre des sonnets :

Vous souvient-il, ami, des nuits où sur la côte
Qui de la tour d'Harold jusqu'au Hourdel s'étend,
Nous guettions sous la hutte, au bruit du flot montant,
Les oiseaux qui venaient avec la marée haute ?

Enfouis sous la terre et couchés côte à côte,
Nos canards de rappel nageant à bout portant,
De nos yeux fatigués nous sentions par instant
Le sommeil s'approcher, ce silencieux hôte ;

Et nous ne songions pas que, quelque jour aussi,
D'un sommeil plus profond, sous le sol épaissi,
Côte à côte étendus, nous dormirions peut-être

Et que plus aucun bruit ne viendrait jusqu'à nous,
Et que du noir caveau, scellé sur nos genoux,
Le mur n'aurait pas même une étroite fenêtre.

X.

De la force des bêtes à Crécy. — La St.-Hubert d'un gouverneur de Picardie. — Une chasse du duc d'Angoulême comte de Ponthieu au XVIIe siècle. — A présent.

Nous revenons une fois encore à Crécy, avant de fermer ce volume.

On se souvient de la résistance traditionnelle des cerfs du Ponthieu au temps où les cerfs promenaient encore leurs ramures sous nos chênes et sous nos hêtres, et nous nous plaignons nous mêmes des longues défenses des chevreuils dans notre forêt. Selincourt, auteur du *Parfait Chasseur*, explique la résistance des cerfs par la sécheresse des terrains. Ne pourrions-nous trouver quelque explication analogue pour la résistence de nos chevreuils? Il ne serait pas impossible que, par des causes particulières, cette forêt de Crécy donnât des forces presque exceptionnelles aux animaux qui l'habitent. Voici dans tous les cas, les pages de Selincourt : elles complètent notre chapitre des *Grandes chasses de Crécy* où nous les annoncions.

« . . . . . Je ferai voir par des exemples des chasses extraordinaires que j'ai observées, où la force des cerfs s'est fait incomparablement paroître plus grande qu'en tous les lieux où le terrein et la nourriture étoit dissemblable, comme par exemple en Picardie auprès d'Amiens où les terreins des forêts et buissons sont secs et où les cerfs viandent des blés sarrasins presque tout le long de l'hyver, l'on ne courre point de cerfs en ce pays qui ne durent cinq ou six heures, et qui ne mesurent les buissons de six ou sept lieues de pays, qui ne fassent de très longues fuites, témoin celui de la chasse de St.-Hubert faite par le gouverneur de la province avec tous les seigneurs du pays qui fut se faire prendre dans les Pays-Bas.

« Les mêmes fuites arrivent dans la forêt d'Ardelot en Bourbonnais où les moindres courses durent six heures, et le plus souvent les cerfs se perdent dans la mer, et dedans la forêt de Crécy près d'Abbeville, les cerfs ne se prennent jamais qu'en laissant courre de grand matin, sans quoi ils demeurent les maîtres par la nuit qui arrive, et s'ils ne sont relayés fort à propos et souvent il ne s'en prend point du tout... Pour montrer la force extraordinaire des cerfs, que les chasseurs me permettent de leur raconter une chasse où j'ai été qui fait voir une force extraordinaire aux bêtes fauves de ces lieux.

« Monseigneur le duc d'Angoulême, comte de Ponthieu avoit sa meute proche d'Abbeville. Ses veneurs lui firent le rapport d'un cerf qui portoit vingt-deux mal semées mais qui étoit toujours sur pied et qu'ils ne pouvoient détourner. Il me témoigna avoir passion de courre ce cerf. Je lui dis qu'il falloit aller coucher sur le pays afin d'être matineux au laisser courre. Il le fit, et fut à Nouvion dans les bois duquel bourg ce cerf étoit...

« C'étoit à la fin de juin que les cerfs avoient frayé et bruni, je priai le seigneur duc d'être à cheval de grand matin parce que ce cerf s'en alloit toujours de hautes erres et ne se laissoit point détourner. Il monta à cheval.... je fus si heureux que je trouvai mon cerf à l'aide des gardes de bois qui l'avoient vu souvent ; jamais je ne ne le pus arrêter dans une enceinte ; je le trouvois toujours passé. Je fis partir un des gardes pour donner avis qu'on amenoit les chiens, ce qui fut fait. Je poussai les voies sans plus prendre d'enceinte.... et fit donner les chiens qui l'allèrent très bien requérir. Mais ce fut à l'un des bouts de la forêt où il avoit déjà percé. Les relais furent envoyés par toutes les refuites et furent donnés à propos. Ce cerf mesura deux fois toute la forêt d'un bout à l'autre, qui est de plus de deux lieues de long, et quand il vit que c'étoit tout de bon, il sort de la forêt, passe la rivière d'Authie, donne dans tous les bois de Regnière-Ecluse, perce tout le pays et s'en va au bout qui est vers le boulonnois où il fut relevé (atteint) dans un bois. Là il demeura à se défendre de telle sorte qu'il blessa un des piqueurs, en abattit un autre et porta son cheval par terre, et fesoit un si grand désordre dans les chiens que nous fûmes contraints de mettre pied à terre plusieurs et de l'attaquer de toutes parts à la faveur des arbres... Si c'eut été en lieu tout-à-fait couvert il y en eut eu qui eussent couru risque de la vie; enfin il fut porté par terre. C'étoit le plus grand corsage et la plus belle tête de cerf qu'on puisse voir. (Suit une description de ce cerf en mots techniques.) Monseigneur le duc d'Angoulême dit qu'il n'avoit jamais rien vu, ni un cerf plus vigoureux, ni une plus belle tête, ni une plus grande course que celle-là qui dura plus de sept heures. Il se voit peu de forêts où les cerfs ayent de semblables forces. »

Moins ambitieux que les comtes de Ponthieu, nous nous consolons, comme le chasseur pédestre de Courbet à l'exposition de 1857, par des succès plus modestes, mais fort beaux encore; cette année déjà treize hallali ont été sonnés en dix-sept chasses; il est vrai que, malgré le mérite de l'équipage, les chiens les plus mordants, — Saint Hubert souffre les calembours, — s'abattent sur des capsules. Mais patience et courage! M. de Férolles vient de renforcer sa meute de quelques fox-hounds, et M. Descressonnières vient de nous ramener un petit équipage de harriers solides. Nous verrons.

LES CYNÉGÉTIQUES DE NÉMÉSIEN.

Ce sera toujours un fameux caprice de chasseur, celui de passer des champs connus et des bois aimés dans le poème d'un carthaginois flatteur des frères Carin et Numérien. Il faut bien de la neige au dehors, bien du noir dans l'âme du poète pour justifier cette entreprise aussi ennemie de toute poésie qu'une adresse municipale ou une opinion de Champfleury, la traduction en rimes françaises d'un poème didactique latin du IIIe siècle de l'ère chrétienne ! car tout ce que nous savons à peu près du poème et du poète est une date fournie par la dédicace aux fils du divin Carus, empereur éphémère élu en l'an 281, mort en l'an 282. Les deux fils de cet empereur, Carinus et Numerianus, régnèrent un instant après lui. Carinus, après avoir battu l'usurpateur Julien et repoussé Dioclétien, fut défait par ce dernier et assassiné dans sa fuite (284). Numerianus fut assassiné la même année en revenant de la guerre des Parthes. Ces pauvres princes jouaient de malheur ; Némésien lui-même, avait, dit-on, remporté la victoire sur le dernier dans une lutte poétique. Ce qui, à en juger par la liaison qui probablement persista entre les deux rivaux, fait supposer, mais ce n'est pas beaucoup dire, un caractère meilleur chez cet empereur de la décadence, que chez cet autre, le dernier des vrais Césars, qui força Lucain à s'ouvrir les veines. La *Cantate* des *Cynégétiques* où Némésien vante un peu prématurément les exploits des fils de Carus nous donne bien la date du poème, l'année 283. Le poète s'adresse surtout à Carin. Le règne rapide de Carin, remarque M. Ferrari, fut un règne de plaisirs.

Notre traduction est la première qui ait été donnée au public. Accueillie d'abord par une Académie où les savants de la chasse n'étaient pas en nombre, elle a été un peu corrigée ici ; j'ai quelquefois serré de plus près le sens, mais quelquefois aussi je me suis permis de l'interpréter plus librement, ne pouvant résister au plaisir de piquer là une lumière, ici un mot, là une sonorité. J'ai assez éteint et assez assourdi sans le vouloir, pour qu'on me pardonne quelques miroitements et quelques rimes de haut timbre. Ce n'est pas d'ailleurs au traître à colorer sa trahison et nous nous sommes déjà bien légèrement expliqué sur notre poème latin. Que dirions-nous de plus ? rien, sinon pour regretter la perte ou l'interruption qui nous arrête a la fin du premier livre. Quelques détails sur les chiens et sur les chevaux nous avaient paru intéressants et, dans un jour de mauvaise humeur, l'ingratitude même du sujet nous a séduit. Que le chien de saint Hubert protége les nôtres ! Un dernier mot. Qui que vous soyez qui me lirez comme je viens de me relire, vous trouverez sans doute comme moi cette traduction sage et suffisamment exacte, au demeurant détestable en tous points. Je vous souhaite, lecteur, ce jugement bien motivé, pour l'honneur de votre goût et du mien.

LE POÈME.

Chasseurs, j'expliquerai vos arts, secrets nombreux,
Et dans l'obscurité des bois les plus ombreux,
Sous le ciel éclatant des plaines giboyeuses,
Vos combats sans péril et vos peines joyeuses.
Déjà des poisons vifs du virginal essaim
L'aiguillon d'Aonie a tourmenté mon sein ; *
Le chemin d'Hélicon me sourit dans la plaine,
Et d'une coupe intacte et nouvellement pleine
Le Dieu de Castalie enivrant mes esprits **

---

* J'avais joint beaucoup de notes à mon premier travail ; je n'en donnerai que quelques unes ici.

** Oh ! la lumineuse antiquité au coucher du soleil antique ! La nymphe chantée par le dieu poète et consacrée aux muses dans les larmes d'une fontaine avait conservé le don d'inspirer les poètes mortels. Doux privilége que n'ont jamais su reconquérir les rimeurs de nos jours de perpétuer ainsi dans les générations futures les fécondantes influences de l'objet aimé ! Comme nous nous dépêchons de crier, nous : Fontaine, je ne boirai plus de ton eau !

Le vers de Némésien :

Castaliusque mihi nova pocula fontis alumno
Ingerit...

est manifestement imité des vers d'Ovide :

.... *Mihi flavus Apollo*
Pocula Castalia plena ministrat aqua.

Du triomphe en nos champs me montre au loin le prix ;
Déjà son joug m'enchaîne, et par des nœuds de lierre
Sa main retient ma fougue au bord de la carrière,
Car partout où le sol vierge de pas humains
Fait crier les essieux dans de plus durs chemins,
Partout où nul sillon, vile ornière de boue,
Ne trace le sentier suivi par une roue,
Là, fier, j'aime à traîner son char aux clous dorés,
Là, j'aime à recevoir ses ordres adorés,
Et mon pied va, tantôt foulant les hautes herbes,
Tantôt la mousse intacte aux flancs des rocs superbes.

Oh ! quoique s'ouvre à moi plus d'un sentier connu,
Muse, fait qu'où je passe aucun ne soit venu.

Qui n'a déjà chanté, sanglantes représailles,
Niobé tant de fois frappée en ses entrailles, *
Ou rallumé les feux qui changèrent un jour
En un bûcher funèbre une couche d'amour, **

---

* Rappellerons-nous, pour le plaisir de causer, la métamorphose de Niobé en rocher dans Ovide ?

. . . . *Lumina mœstis*
Stant immola genis. . . . .
. . . . . . *Lacrymis etiam nunc marmora manant.*

Ces beaux vers nous remettent en mémoire ceux de Victor Hugo dans les BURGRAVES.

Des gouttes d'eau, du front de ce rocher hideux
Tombaient, comme les pleurs d'un visage terrible.

La plus grande image de la douleur serait-elle donc quelques gouttes d'eau tombant d'un rocher, des pleurs de pierre ?

** L'histoire de Sémélé ; c'est le plus ancien exemple sur lequel puisse s'étayer notre dicton moderne : Se brûler à la chandelle.

Alors que de Junon l'astucieuse rage
Consuma Sémélé dans un brûlant orage ?
Qui n'a chanté Bacchus, le dieu puissant du vin
Qu'enfantèrent deux fois et son père divin
Et sa mère mortelle, et qui, — ressource amère, —
Chez son père reprit les mois dus par sa mère ?
Il en est que séduit, bien que redits souvent,
Des thyrses profanés le sang vengeur pleuvant,
Ou le tyran de Pise, * ou Dircé mise en pièces,
Ou Danaüs trompant les premières caresses,
Et ses filles changeant par un meurtre ordonné
En feux de mort les feux d'un hymen condamné.
Biblis fournit à tous des plaintes éternelles ;
Qui ne sait de Myrrha les ardeurs criminelles,
Et le lit profané de son père, et ses pieds
Enchaînant sur le sol ses forfaits expiés ?
Les uns ont de Cadmus répété les histoires, **
Compté les yeux d'Argus et toutes les victoires
Qu'Hercule remporta ; les autres ont chanté
Les plumes de Térée *** et le char indompté

---

* On connait la lubie de ce roi qui faisait de sa fille le prix d'une course et tuait les vaincus ; le poète Passerat le dit plus tard :

Où il y va de la vie
Il n'est que de bien courir.

** Les rhéteurs pourrait appeler tout cela de la poésie de prétérition. Bien longtemps avant Némésien, Anacréon s'était servi beaucoup mieux et beaucoup plus sobrement de cette figure : « *Je veux dire les Atrides, je veux chanter Cadmus, mais les cordes de ma lyre ne résonnent que l'amour* ; » et Horace : *Laudabunt alii claram Rhodon, etc.*

*** Les plumes de Térée ne sont pas déplacées dans un poème sur la chasse, mais elles trouveraient beaucoup mieux leur place encore dans un poème sur l'ornithologie. Térée fut métamorphosé en épervier, sa femme Progné en hirondelle, sa belle sœur Philomèle en rossignol, et son fils Itys en faisan. Le faisan a toujours conservé depuis un goût que les cannibales comparent, dit-on, à celui de la chair humaine.

Que montait Phaëton foudroyé par son père, *
Et Cycnus, que la mort d'un ami désespère,
Mêlant parmi les eaux aux larmes des forêts
Sous un plumage blanc ses cris et ses regrets.
L'antiquité conta les crimes de Tantale,
Le sang dont fut souillée une table fatale,
Le soleil dans les cieux voilant son front d'horreur.
Je ne réveillerai ni Médée en fureur,
Ni ses présents mortels, ni les feux de Créuse,
Ni la coupe ou Circé faisait couler sa ruse,
Ni le cheveu qui fit s'envoler dans les airs
Nisus dépossédé de ses remparts déserts, **
Ni le bûcher furtif où l'urne funéraire
Par les mains de la sœur prit les restes d'un frère.
Nos ancêtres, parmi les chanteurs chers aux dieux,
Ont recueilli l'honneur de ces récits fameux.

A nous les bois ! à nous les campagnes ouvertes !
A nous le marécage aux plaines toujours vertes,
Et le chien dont le nez guide l'œil attentif !
A nous le loup terrible et le daim fugitif,
Le lièvre et le renard aux ruses toujours neuves !
Nous aimons à courir sous les ombres des fleuves,
A chercher l'ichneumon près des muettes eaux
Au milieu des moissons épaisses des roseaux ;
A fixer sur un arbre avec un dard tenace
Le chat dont le museau se plisse avec menace ;
A rapporter, malgré l'armure de son dos,

* Le père de Phaéton ne peut être ici que son grand-père, Phaéton étant fils d'Apollon et Apollon fils de Jupiter par Latone.

** Nisus fut métamorpho é en épervier, et depuis ce temps ne cesse de poursuivre sa fille métamorphosée en alouette. C'est toujours de la poésie ornithologique.

Le hérisson blotti. Conquêtes et fardeaux,
Doux plaisirs qui me font accomplir ce voyage,
Aujourd'hui que ma nef, s'écartant du rivage, *
Pour la première fois loin des golfes amis
Aborde la tempête et les flots insoumis !

O du divin Carus fils que la terre honore, **
Bientôt sur une lyre à la voix plus sonore
Je veux chanter aussi vos triomphants exploits,
Dire le monde entier prosterné sous vos lois,
Sous vos astres gémeaux les nations tremblantes,
Depuis celles qu'on voit boire les eaux brûlantes
Du Tigre arménien jusqu'à celles qu'on voit
Humer les eaux du Rhin sous un ciel toujours froid,
Et celles que le Nil désaltère à sa source.
Je dirai tes combats sous les glaces de l'Ourse,
Carinus, et ton bras dont les efforts puissants
T'égalent déjà presque au dieu dont tu descends ;
Je dirai sous ton frère et la Perse conquise,
Et dans ses vieux remparts Babylone soumise,
Et Rome ainsi vengée aux bouts de l'univers ;
Je poursuivrai le Parthe en ses mille revers,
Et peindrai ses carquois fermés par l'épouvante
Et ses traits émoussés sur ses arcs que l'on vante.
C'est ainsi qu'à vos pieds, saintes libations,

---

* . . . . *Talique placet dare lintea curæ,*
Dum non magna ratis, etc...

Ces métaphores maritimes de voiles et de nef interviennent assez singulièrement dans un sujet où la muse ne devrait aller qu'à pied, ou tout au plus à cheval. Némésien composa, dit-on, des poèmes sur la navigation ; il a ici trop de mémoire.

** Ici commence la cantate ; la flatterie en était venue là chez les derniers poètes païens en l'an 283 de l'ère chrétienne.

Ma muse répandra vos grandes actions,
Lorsqu'enfin je pourrai, dieux cléments de la terre,
Contempler de vos fronts le sacré caractère.
Mon cœur impatient, plein d'actives ferveurs,
D'avance aime à goûter cette gloire. — O faveurs !
Il me semble déjà vous voir, frères augustes !
Rome plus fière encor sous des volontés justes,
Le sénat éclatant, les capitaines sûrs,
Vos fidèles, * soleils que vous rendez obscurs,
Et tous ces bataillons fourmillant dans la plaine
Et dont la même foi presse l'ardente haleine !
Je vois ; l'or des drapeaux étincelle en éclairs
Et le vent fait voler les dragons dans les airs.

Toi qui parcours des bois l'obscurité profonde, **

---

* *Fidos ad bella duces.* Pour les guerres de compétition à l'empire, c'est-à-dire fidèles aux deux fils de Carus.

** Cette invocation était dans le sujet, mais voilà déjà des invocations et des préambules pour trois poèmes longs comme l'*Enéide.* Oppien aussi, dans son poème sur la chasse, a fait une invocation à Diane. Cette invocation, dans laquelle nous retrouvons les idées avec la critique de cette longue introduction de Némésien, est une idylle gracieuse :

Diane. — Lève-toi, marchons dans un sentier pénible, où nul mortel guidé par les Muses n'ait encore porté ses pas.

Oppien. — Favorise mes chants, chaste déesse, et la voix d'un mortel secondera tes désirs.

Diane. — Je ne veux point qu'en ce jour tu chantes Bacchus, dont les fêtes triennales se célèbrent sur les montagnes, ni les danses de ce dieu sur les bords de l'Asope, dont les flots baignent l'Aonie.

Oppien. — Je ne parlerai pas, puisque tu me l'ordonnes, des mystères nocturnes de Sabazius. J'ai souvent mené autrefois des chœurs de danse en l'honneur du fils de Thyonée.

Diane. — Tu ne célébreras ni la race des héros, ni les courses maritimes de l'Argo, ni les guerres des mortels, ni le dieu destructeur qui y préside.

Oppien. — Je ne chanterai point les combats, ni les funestes exploits de

O fille de Délos, déesse vagabonde,
Prends tes vêtements purs aux rayonnements clairs,
Attache sur ton dos le carquois plein d'éclairs ;
Que l'arc se tende et vibre en tes mains redoutées ;
Montre-moi de tes pas les routes fréquentées ;
Chausse tes pieds de pourpre ; au-dessus blanche encor,
Ta jambe brillera. Qu'au tissu tramé d'or
Ta ceinture mêlant le feu des pierreries
Sculpte autour de tes reins de chastes draperies !
Allons ! qu'un diadême enferme tes cheveux !
Que la blanche Naïade indulgente à nos vœux,
Que la Dryade active en sa puberté neuve,
Que les Nymphes des eaux, tributaires du fleuve,
En tous lieux sur tes pas se pressent dans les champs,
Et que de l'Oréade Echo double les chants !
Qu'au fond des bois, Déesse, avec toi je pénètre !
Dirige ton poète, et qu'il puisse connaître,
Loin des sentiers battus, dans l'ombre des forêts,
La bauge encor fumante et le gîte encor frais !
Sur la trace du tien mon pied mettra sa trace.
Et suivez-moi vous tous, amoureux de la chasse,
Qui fuyez du barreau les outrageux débats,
Et les troubles civils et le bruit des combats,
Et les mers que parcourt, en butte à la tempête,
L'homme avide des biens qu'à la mort on achète !

Mars. La défaite des Parthes, la prise de Ctésiphonte eussent cependant fourni un noble sujet à mes chants.

Diane. — Garde sur les combats un silence profond ; ne parle pas non plus de la ceinture de Venus ; je hais ce qu'on nomme les jeux de cette fille de l'Océan.

Oppien. — Déesse, je le sais, tu n'es point initiée aux mystères de l'hymen.

Diane. — Chante plutôt la guerre que les chasseurs courageux déclarent aux animaux sauvages.

Et d'abord quand Janus, père des longs travaux,
Ouvrira la carrière à douze mois nouveaux,
Dès ce jour à tes chiens incline ta pensée.

Pour que leur vertu soit dans le sang dispensée
Sur la mère à choisir mets ton premier souci ; *
Prends la prompte au lancer, prompte au retour aussi.
Dans les champs du Molosse ou de Sparte élevée,
Qu'elle soit d'un sang pur et de race éprouvée;
Que vastes soient ses reins et que par plus d'ampleur
Ses cuisses sous la croupe annoncent leur vigueur ;
Ferme sur ses jarrets, les extrémités hautes,
Que son corps plein de force et profond sous les côtes,
Ainsi qu'une carène, en se rétrécissant

---

* Est-il indifférent de rapprocher ce portrait de celui que donnait d'un bon chien au siècle d'Auguste le poète Gratius Faliscus, auteur aussi de *Cynégétiques*, supérieures, selon nous, à celles de Némésien, et que nous regretterions de n'avoir pas traduites de préférence si, lorsqu'il s'agit de traductions, et de traductions en vers, le regret ne devait porter surtout sur le fait même de les avoir commises ? Oyez les qualités demandées par G. Faliscus. Il ne faut pas oublier, du reste, que chez ce dernier il est question des chiens en général, mâles ou femelles, et que chez Némésien il n'est question que de la mère. « Qu'ils aient la tête haute, les oreilles garnies d'un poil dur, la gueule large et qui laisse échapper par l'ouverture béante des mâchoires un souffle enflammé, un ventre resserré au-delà des côtes, une queue courte, des flancs développés, pas trop de poil au cou, assez pourtant pour les garantir du froid, et sous des épaules vigoureuses une poitrine qui respire à l'aise dans les grands mouvements et résiste à la fatigue. Repousse celui dont la plante imprime de larges vestiges : il est mou dans la chasse ; je veux qu'ils aient les cuisses nerveuses sur des jarrets secs et les ongles solides. » Oppien nous a laissé aussi plusieurs portraits de chiens qui diffèrent de ceux de Némésien et d · Faliscus. Nous renvoyons nos lecteurs à son poème pour ne pas trop surcharger ces notes. Parmi les chiens dont il recommande le courage pour les combats, nous avons cru reconnaître le dogue.

S'évide un peu plus loin, sec, mais toujours puissant ;
Que souples dans sa course ondulent ses oreilles.
Approche-la d'un mâle et de formes pareilles *
Et de grandeur égale, alors que, vie en fleur,
Dans leur flanc, dans leur sang lutte même chaleur,
Et qu'avec même feu même puissance y coule.
Trop tôt avec les ans viennent les maux en foule,
Et l'âge appesanti dont la froide langueur
Ne transmet qu'un sang faible en des nœuds sans vigueur.
Mais quel âge suspend ce préventif divorce ?
Lorsque quarante mois ont complété sa force,
Abandonne le mâle aux ardeurs d'Astarté ;
La mère doit avoir l'âge d'un double été.
Loi d'hymen ! que l'amour jamais ne s'en écarte !

Outre le chien Molosse, outre le chien de Sparte, **

---

* *Junge pares ergo*, avait dit Faliscus.

** Némésien va nous citer, outre ces deux races de chiens, les chiens bretons, les chiens pannoniens, les chiens espagnols et les chiens lybiens. Gratius Faliscus, qui s'était étendu davantage sur les différentes espèces de chiens, avait mieux expliqué aussi les qualités propres à chacune. Voici la liste des chiens qu'il vante : le chien mède, indocile, mais exellent pour le combat ; le chien gaulois très-diversement renommé : *Magnaque diversos extollit gloria celtas* ; le chien gélon, peureux mais intelligent ; le chien de Perse, intelligent et brave ; le chien sère,— indien ou chinois,— intraitable et farouche ; le chien arcadien, docile et ardent au combat ; le chien ombrien, peu courageux mais d'un odorat très-fin ; le chien breton, qu'il estime plus haut que le molosse ; les chiens d'Athamas, d'Acyre, de Phère, d'Acarnanie, qui n'aboient pas ; le chien d'Etolie, qui aboie trop ; le pétronien, le sicambre, le vertrahus, le métagonte, propres aux petites chasses. Parmi ces derniers, Faliscus, qui leur reconnaît des vertus différentes, recommande surtout le métagonte. — Suivant Oppien, qui fait bien autorité aussi entre Némésien et Faliscus, les chiens qui par leur vigueur

D'autres valent aussi : sur son roc écarté
La Bretagne en nourrit dont la légèreté
Est un éclair vivant et que rien ne harasse ;
Des chiens pannoniens caresse aussi la race,
Et ceux dont le sang pur en Espagne resta,
Et ceux qu'aux bords du feu la Lybie enfanta.

Phœbé nous a deux fois montré sa lampe pleine,
Et la lice féconde avec effort se traîne ;
Le ventre maternel s'ouvre mûr, et les fruits
Vivants rampent déjà, meute à tout petits bruits.
Commande, avide maître, à ton impatience,
Condamne à contre cœur cette première engeance ;
Il te faudra, bien plus, de ceux à naître un jour
Sacrifier encore les moins dignes d'amour.
Si tu voulais garder entière la portée,
Tu la verrais bientôt follement emportée,
Se disputant le lait par des combats sans fin,
Tirailler la mamelle impuissante à leur faim.

Si tu crains, dans un choix trop difficile à faire,
De mal discerner ceux dont tu dois te défaire,
Si tu veux des meilleurs éprouver l'avenir,
Lorsqu'à peine leurs pieds peuvent les soutenir,
Et que leurs yeux fermés flottent dans un nuage

l'emportent sur les autres, et que les chasseurs recherchent avec plus de soin, sont les chiens de Péonie, d'Ausonie, de Carie, de Thrace, d'Ibérie, d'Arcadie, d'Argos, de Lacédémone et de Taygète ; les chiens sarmates, celtes et crétois ; les magnésiens, tous ceux qui sur les rivages sablonneux de l'Égypte gardent les grands troupeaux, les locriens et les molosses et enfin les bassets qu'élèvent les peuples sauvages de la Bretagne.

Apprends de moi les lois que sacre un vieil usage, *
Et, pour les mettre en œuvre, écoute mes leçons :

Pèse attentivement chacun des nourrissons ;
Leur poids plus lourd promet avec plus de ressources
Une âme plus ardente et de plus longues courses.
Bien plus, avec l'instinct mettant l'amour en jeu,
Tu peux tracer en cercle une ligne de feu,
De sorte que la flamme en hermétique enceinte
Ferme un espace vide où l'on tienne sans crainte.
Portes-y les petits : sûr et cruel moyen !
La mère par son choix devra guider le tien.
Méprisant le péril, et pour eux seuls tremblante,
Tu la verras franchir cette zone brûlante,
Rapporter un petit, puis un autre, et sauver
D'abord ceux qu'il faudra les premiers conserver.

---

* Faliscus donne des conseils analogues : Afin, dit-il, qu'elle ne soit pas fatiguée par une postérité nombreuse et indocile, je veux te faire savoir à quel signe tu reconnaîtras, avant qu'ils soient adultes, les petits que tu dois garder.

Illius et manibus vires sit cura futuras
Perpensare : levis deducet pondere fratres.

Némésien est plus explicite : il affirme que le plus lourd sera non seulement le plus fort, mais le plus léger à la course. Némésien et Faliscus indiquent encore d'autres moyens de distinguer d'avance les qualités des petits chiens, moyens qu'ils tirent, le premier du discernement de la mère, le second de la conduite des petits chiens eux-mêmes. Nous avons traduit les vers de Némésien ; voici le sens des vers de Faliscus : Eux-mêmes se révéleront à toi. Celui qui sera un jour le soutien et l'honneur de tes chasses, peut à peine rester immobile malgré la faiblesse de ses membres. Il se montre impatient à l'excès de faire voir sa supériorité. Il affecte la domination même sous le sein maternel : il s'empare des mamelles ; il a le dos libre et découvert lorsque la chaleur embrase l'atmosphère ; quand, au contraire, le froid exerce ses rigueurs, sa fougue s'apaise et il use de sa puissance pour se mettre à l'abri sous le corps de ses frères engourdis.

Ainsi par un instinct qui jamais ne s'égare,
Elle te marquera leur qualité plus rare. *

Mère et petits devront quand le printemps verdit
Se nourrir de lait clair ; la saison nous le dit ; **
Car la force est alors en tout, sève aux prairies,
Aux veines sang fécond, lait riche aux bergeries.
Au lacteux aliment mêle parfois Cérès,
Afin que fournissant la force à leurs jarrets
Un suc plus généreux dans leurs os se répande.
Mais lorsque, couronné d'une clarté plus grande,
Le soleil, de sa roue heurtant le ciel brûlant,
Aura sur le Cancer réglé son pas plus lent,
Alors il sera bon, trompant leur faim vorace,
De ne les point gonfler d'une pâte trop grasse,
De peur que, par le poids les membres affaiblis
Et n'obéissant plus qu'à des nerfs amollis,
Ils ne jettent sans force, en leur marche incertaine,
Une patte qui tremble et s'allonge avec peine.

Bientôt sur leur mâchoire un rempart menaçant
Sur l'ivoire qui pousse appellera du sang ;
N'enferme pas encor leur troupe vagabonde ;
Ne charge pas d'anneaux leur encolure ronde :
Leur lenteur te ferait maudire avec raison

---

* Les chasseurs interrogent encore aujourd'hui quelquefois l'instinct des chiennes sur les qualités de leurs petits ; seulement ce n'est plus dans un cercle de feu qu'ils envoient la mère les chercher, mais dans l'eau.

** Faliscus donne les mêmes conseils : Elève sobrement, dit-il, la jeune famille : qu'elle se contente de lait et de farine d'orge ; qu'elle ignore les mets délicats et ne se livre pas à la gloutonnerie. L'intempérance lui serait pernicieuse.

Les loisirs imprudents d'une injuste prison.
Tu les verrais sans fin secouer les clôtures,
Sur les gonds ébranlés ronger les fermetures,
Torturer en efforts leurs membres épuisés,
User leurs jeunes dents sur le chêne brisés,
Et sur les durs poteaux au bois impénétrable,
En grattant s'écorcher de façon misérable ;
Mais quand tu trouveras de leurs membres dispos
Les ressorts affermis par huit mois de repos,
Tu pourras de nouveau mêler à leur breuvage
Cérès qui des travaux répare le ravage.
Cous libres jusqu'alors, apprends leur à plier,
A marcher deux par deux sous un double collier.

Pour la vingtième fois la lune se découvre ;
Il est temps qu'à tes chiens la carrière s'entr'ouvre.
Dans un clos sans culture à leurs goûts belliqueux
Que ta main lâche un lièvre encore plus faible qu'eux, *
Afin que, triomphant d'une facile proie,
La fatigue d'abord n'altère pas leur joie.
Par ces premiers travaux, sans user leurs efforts,
Pour qu'ils puissent un jour devancer les plus forts,
Exerce quelquefois leur fougue et leur audace.
Enseigne-leur ainsi les secrets de la chasse
Et l'amour des succès conquis au fond des bois,
Et les ordres divers que leur transmet la voix,
Soit qu'elle les excite, ou soit qu'impérieuse
Elle cherche à fixer leur course aventureuse.

---

* Faliscus se contente d'exiger de grandes qualités dans le *valet* chargé d'élever et de dresser les chiens, mais ne donne aucun conseil sur l'éducation de ces derniers.

Qu'ils apprennent aussi sur un ennemi mort,
A retenir la dent qui déchire et qui mord.

Ainsi donc de tes chiens comblant toujours les vides,
Aux petits, ton espoir, donne des soins avides.
Des maux de toute sorte et mille humeurs viendront
Empoisonner leur sang et les emporteront.
De tes derniers secrets use alors sa réserve, *
Mêle aux jus de Bacchus l'olive de Minerve;
Enduis-en au soleil la mère et les petits,
Puis d'un couteau brûlant attaque entre les plis
Les insectes fixés dans leurs longues oreilles.
La rage pour les chiens a des fureurs pareilles,
Soit qu'elle naisse au ciel sous des signes méchants,
Quand le soleil d'en haut incline sur nos champs
Ses rayons paresseux, aux climats où nous sommes
Ne montrant qu'un front pâle, épouvante des hommes;
Soit quand il presse enfin devant l'ardent essieu
La course du Lion aux crinières de feu.
Des transports inconnus les prennent aux entrailles:
De ce mal qui partout répand des funérailles
On ignore la cause: un miasme subtil
Du souffle impur de l'air ou du sol éclot-il?
L'eau fraiche qu'en été la soif en vain réclame

* Gratius Faliscus parle longuement aussi des blessures et des maladies des chiens et des remèdes applicables. Ces remèdes ne sont point ceux de Némésien. Nous ne chercherons à apprécier la valeur ni des uns ni des autres; contentons-nous d'une simple remarque : nous voyons dans Faliscus que les Romains connaissaient l'anneau de Saint Hubert; seulement la vertu miraculeuse tenait alors dans quelques poils de blaireau que l'on attachait au collier des chiens malades. Faliscus, qui se montre défiant de l'art des hommes, recommande surtout en finissant les sacrifices aux dieux et les prières.

Laisse-t-elle plutôt accès à cette flamme ?
On ne sait. Cependant le mal croit sous les os ;
La gueule de tes chiens qui fuient l'aspect des eaux
S'emplit d'un noir poison et leur fureur s'éveille ;
Ils mordent insensés ceux qu'ils léchaient la veille.
Connais donc les boissons qui peuvent les guérir
Et les soins assidus dont il les faut couvrir ;
Du castor des marais prends la partie impure ;
Attendris-là longtemps sous une pierre dure,
Pile ou coupe l'ivoire, et fais de ces deux corps
En un seul confondus d'efficaces accords.
A leur mélange alors il faut que l'on ajoute
Quelque peu d'un lait pur, afin que, goutte à goutte,
Par une corne au fond des gosiers résistants
Tu fasses pénétrer ces corps moins consistants.
Ainsi tu détruiras les causes de la rage,
Et le calme rendu deviendra ton ouvrage.

Les chiens toscans aussi veulent être dressés ; *
Bien que leurs rudes poils soient partout hérissés ;
Et que leurs membres courts semblent trahir leur course.
De triomphes nouveaux ils deviendront la source.
Car malgré les odeurs des gazons diaprés
Ils sauront retrouver les pistes dans les prés
Et découvrir la place où le lièvre s'abrite.
Je vanterai plus tard leur différent mérite, **

---

* Némésien, qui à déjà vanté, ainsi que nous l'avons vu, le molosse, le chien de Sparte et les chiens bretons, pannoniens, espagnols et lybiens, revient ici un peu tard aux chiens d'Etrurie qu'il semblait avoir oubliés d'abord ; un peu tard, car il n'est pas croyable que les conseils qu'il donn, plus haut pour la reproduction, l'éducation et la médicination des premierse ne s'appliquent pas à ces derniers.

** A défaut d'autres preuves, ce vers suffirait pour établir la perte d'une grande partie du poème de Némésien.

Leur courage, leur mœurs, leur nez sagace et fin;
Les chevaux et les rèts me réclament enfin.

La Grèce garde encore une race choisie
Qui vaut les chevaux fins que nous fournit l'Asie,
Et qui dans les combats comme au milieu des jeux
Rappelle vaillamment les faits de ses aïeux.
Leur dos est large et plat, leur flanc plein et sans faute;
Ils ont le ventre court, la tête large et haute;
Leur oreille est mobile; et, pleine de fiertés,
Noble est leur encolure; ils jettent des clartés
Par les yeux; leur cou fort sur l'épaule solide
S'appuie avec vigueur, et leur souffle est humide.
La terre retentit des coups de leurs sabots;
Leur courage insoumis les fatigue au repos.
Au-delà de Calpé fuit une immense plaine
De coursiers valeureux toujours féconde et pleine;
Dans les vastes enclos qu'ils dévorent d'un trait,
Aux beaux fils de la Grèce aucun ne cèderait.
Terribles on les voit, la narine enflammée,
Repousser en soufflant deux ruisseaux de fumée;
Leurs yeux roulent du feu; leurs longs hennissements
Donnent aux airs troublés d'âpres frémissements;
Au frein qu'on leur présente ils se cabrent d'avance,
Et, l'oreille en éveil et les pieds en mouvance,
On ne les voit jamais non plus se résigner
A ce repos forcé qui les fait trépigner.
En outre, qu'il t'en vienne un de la terre antique
Des Maures, mais qu'il soit de noblesse authentique;
Qu'il t'en vienne de ceux qu'en ses déserts fumants
Le noir Mazace élève à d'assidus tourments.
Ne t'épouvante pas de leurs têtes difformes,
De leurs bouches sans frein, de leurs ventres énormes,
De leurs crins abattus sur l'épaule tombant;

Jamais on ne les voit sous la main regimbant.
Race douce et docile aux avis qu'on lui donne,
Aux ordres devinés libre elle s'abandonne ;
Cous pliants, durs jarrets, que l'homme d'un seul coup
D'une baguette lance, ou retient d'un seul coup.
Quand vers un but lointain ils franchissent la plaine,
Le sang plus échauffé sans presser leur haleine
Apporte à leur vigueur des éléments nouveaux,
Et bien loin derrière eux trépignent leurs rivaux.
Ainsi quand tous les vents se disputent Nérée,
Si des rocs de la Thrace est accouru Borée,
A peine a-t-il d'un cri fait trembler l'Océan
Qu'aussitôt chacun d'eux suit de loin l'ouragan.
Seul alors, enivré des bruits de la tempête,
Sur la mer écumante il dresse encor la tête,
Et des filles de l'eau le groupe au loin fuyant
Admire sur les flots son passage effrayant.

Ces chevaux prennent tard l'élan des longues courses,
Mais chez eux la vieillesse a de jeunes ressources,
Car lorsque la vigueur aux ans marqués fleurit,
Avant l'âme jamais le corps ne dépérit.

D'herbe tendre au printemps que leur troupeau se paisse,
Puis, frappe-les du fer et de leur veine épaisse
Tu verras s'écouler dans les flots noirs du sang
Le mal ancien déjà qui croupit dans leur flanc.
Bientôt, leur sang plus frais coulera plus limpide,
Bientôt dans leur poitrine une force intrépide
Va renaître ; admirez ces membres, ce poil doux,
Ce feu ; sous leurs sabots, champs, élargissez-vous !
Qu'est-ce que le vent près de ces ardeurs fougueuses ?

Puis lorsqu'enfin l'été sur les tiges rugueuses
Des herbes dont le lait sèche avec la saison
Aura, maternisant l'humide floraison,
Armé les épis droits de tuyaux moins fragiles,
Alors à tes chevaux rafraîchis, beaux, agiles,
Présente l'orge avec la paille neuve encor ;
Des résidus poudreux sépare le grain d'or ;
Caresse de la main le poil des nobles bêtes ;
Que la joie et l'orgueil parlent dans leurs courbettes
Et disposent leur corps sous ces douces faveurs
A mieux s'approprier les fécondes saveurs !
Que ces soins différents regardent tes esclaves,
Et toi même, et tous ceux, jeunes, ardents et braves,
Qui disputent d'amour cet office aux valets ! *

---

* Faliscus donne aussi une liste des chevaux préférés de son temps, mais avec moins d'enthousiasme et plus de scepticisme ; il n'en est presque point auxquels il ne fasse quelques reproches et ne trouve quelque défaut. Ceux qu'il cite sont : les chevaux de Thessalie, de Mycènes, de Syène, des Parthes, de la Galice, de Murcibie, de la Nasamonie, de la Numidie, de la Thrace, de l'Epire, etc., mais comme supérieurs à tous ces chevaux les chevaux siciliens malgré leur encolure difforme et surtout ceux d'Agragas. Cette préférence est partagée aussi par Oppien, dans l'énumération qu'il donne des différentes races de chevaux estimés de son temps. « De tous les chevaux que nourrissent les innombrables contrées de la terre, dit-il, les plus légers à la course sont ceux de la Sicile, qui paissent dans les plaines de Lilybée et sur la triple montagne dont le poids fait gémir Encelade. » Les autres chevaux vantés principalement par Oppien sont ceux de Tyrrhène, de Crète, de Mazace, d'Achaïe, de Cappadoce, les maures, les scythes, ceux de Magnésie, de Thessalie, d'Ionie, d'Arménie, les lybiens, les thraces et les arabes. — Nous devons ajouter, quant aux chevaux siciliens, qu'Oppien avoue un peu plus loin leur vitesse moindre que celle des chevaux arméniens et parthes, inférieurs eux-mêmes aux chevaux d'Ibérie. La beauté suprême est accordée par le même poète au cheval de Nisée, qui sert de monture aux souverains. — Le portrait d'Oppien donne d'un excellent cheval nous entraînerait trop loin : nous renvoyons nos lecteurs au premier chant de son poème.

La chasse veut aussi des panneaux, des filets, *
Des toiles dont l'ampleur en méandres s'écoule
Et fatigue sans fin le bras qui les déroule.
Apprends, quand tu sauras en assurer les nœuds,
A toujours mesurer le même espace entr'eux.
Que la corde qui doit dans une immense enceinte
Retenir les oiseaux prisonniers par la crainte,
Entrelaçant partout les plumes en réseaux
Emprunte l'épouvante aux ailes des oiseaux. **
Fuyant à cet aspect comme au bruit de la foudre,
L'ours et le sanglier qui va creusant la poudre,
Le cerf qui dans les airs s'ouvre un chemin trompeur,
Le renard et le loup, pris d'une égale peur,
N'osent briser du lin les fragiles clôtures.
Applique-toi surtout par diverses teintures,
Afin d'étendre au loin ce tissu de terreurs,
A faire sur le blanc saillir d'autres couleurs.
La plume du vautour sème au loin l'épouvante ;
Prends celles des oiseaux dont l'Afrique se vante,
Celle du cygne vieux, toutes celles enfin
Des oiseaux dont la fange alimente la faim,
Et qui le long du fleuve ou dans les eaux stagnantes

* Faliscus va jusqu'à nous dire comment on faisait les filets, qu'elle dimension ils devaient avoir, et de quelle espèce de lin on se servait de préférence pour les fabriquer.

** Oppien parle aussi de ces épouvantails, composés de rubans et de plumes d'oiseaux. « On y attache, dit-il, des rubans de toutes couleurs dont l'éclat effraie les bêtes sauvages ; on y suspend mille plumes brillantes de divers oiseaux ; des ailes de vautours, de cygnes, de cicognes. » C'était surtout contre les ours, nous apprend-il encore, et dans l'Arménie, que ces appareils étaient en usage. Faliscus, qui n'a eu garde de les oublier dans son poème, nous fait savoir que de son temps, ils n'étaient pas moins utiles pour chasser le cerf.

Marquent leurs pieds palmés sur les fanges glissantes.
L'Afrique t'offrira des trésors rassemblés ;
Là, tu verras courir par tourbillons ailés,
Des oiseaux dont l'éclat au soleil s'éternise
Et dont l'aile fleurie en tout temps printanise.

Tes apprêts étant faits, quand vient l'hiver pleuvant,
Lance au milieu des prés tes chiens, rivaux du vent,
Lance au milieu des champs ta monture aguerrie ;
Partons, lorsqu'au matin sur l'humide prairie *
L'herbe garde à nos chiens les nocturnes odeurs
Comme à nos yeux le pas des animaux rôdeurs.
. . . .
. . . .

Ici le poème s'arrête et Némésien nous laisse le pied dans l'étrier.

* Si l'hiver est dans sa force, dit Oppien, chassez au milieu du jour ; mais en été, évitez l'ardeur dévorante du soleil et mettez-vous en marche aux premiers traits du crépuscule. Némésien parle de l'hiver et de la pointe du jour. Il y a désaccord entre les deux poètes.

TABLE.

Amiens. — Imp. de Lenoel-Herouart, rue des Rabuissons, 10.

www.ingramcontent.com/pod-product-compliance
Ingram Content Group UK Ltd.
Pitfield, Milton Keynes, MK11 3LW, UK
UKHW020316180726
13839UKWH00001B/474